智元微库
OPEN MIND

成 长 也 是 一 种 美 好

RETHINKING
WOMEN

不被定义的女性

马晓韵 著

人民邮电出版社
北京

图书在版编目（CIP）数据

不被定义的女性 / 马晓韵著. -- 北京 ：人民邮电
出版社，2022.8（2024.4重印）
ISBN 978-7-115-59665-9

Ⅰ．①不… Ⅱ．①马… Ⅲ．①女性－成功心理－通俗
读物 Ⅳ．①B848.4-49

中国版本图书馆CIP数据核字(2022)第121701号

◆ 著　马晓韵
责任编辑　张渝涓
责任印制　周昇亮
◆ 人民邮电出版社出版发行　北京市丰台区成寿寺路 11 号
邮编 100164　电子邮件 315@ptpress.com.cn
网址 https://www.ptpress.com.cn
河北京平诚乾印刷有限公司印刷
◆ 开本：880×1230　1/32
印张：6.5　　　　　　　　2022 年 8 月第 1 版
字数：150 千字　　　　　 2024 年 4 月河北第 5 次印刷

定　价：59.80 元
读者服务热线：（010）67630125　印装质量热线：（010）81055316
反盗版热线：（010）81055315
广告经营许可证：京东市监广登字 20170147 号

赞　誉

我见过很多优秀的女性，她们有着相似的困扰——为了维护关系隐藏自己的声音，为了满足期待而放弃自我。很喜欢晓韵的这本书，恰到好处地激发了女性向内看的力量和向外改变的勇气，真诚地推荐这本书。

——简里里

简单心理创始人兼 CEO

当女性从种种"定义"的束缚中解脱出来之时，男性将一并自由。

——张沛超

资深心理咨询师，《我的内在无穷大》作者

读完前言就忍不住一口气读完的书，晓韵的文字既温暖又深刻，她在女性成长方面的智识与体验是令人赞叹的。

—— 严艺家

资深心理咨询师，心理科普漫画《1016 成长信箱》作者

目录

自　序

有个问题困扰了我许多年。作为女性，我可以独立完成许多事：读书、工作、旅行，追逐梦想，经营事业，给自己和家人稳定的物质与情感支持；但是，一旦进入关系，我便不再是"我"。我敢于在数千人面前演讲，却不敢对"另一半"提需求；我能够在语言不通的情况下行走二十多个国家，却不能用母语在关系里说"不"；我可以写出百万阅读量的文字，却形容不出作为女性的恐惧和愤怒；我有勇气说辞职就辞职，换个行业从头再来，却没骨气斩断"有毒"的关系，只能强迫自己忍气吞声。向内看，我很在意自我评价，偷偷修正着自己的言行举止；我不够接纳真实的自己，对自己的一些情绪感到羞耻和内疚；我深深质疑自己，不断反省自己哪里不好；我努力维持着表面的平和，不允许别人看到自己的脆弱。在我接触心理咨询前，这样的困扰持续了很多年，牵引着我的人生脉络，但在七年高频的个人分析中，它们逐渐有了变化。

我的职业是一名心理咨询师。多年来，我接访了几百名女性来访者，听到她们独特的、响亮的内在声音，看见她们千疮百孔的成长经历，感知她们丰富又坚毅的心灵，我常常为她们闪闪发光的生命力量感慨，也时常为她们的遭遇流泪、为她们的经历鼓掌。我意识到，这些女性和我有许多共通之处：作为女性，我们从小到大被限定在各种规则里，总是去做"应该"的，却很少追随内心"想要"的；我们渴望有魅力，却不敢太自我；我们对自己有苛刻的要求，却习惯在关系里委曲求全；我们总在默默努力，为自己不够好而焦虑；我们在很多场合用听代替说，有意无意隐藏起自己的想法；即便拥有足够的能力，我们也时常收起锋芒，隐藏自己的力量。

我们正处在一场变革中，更多的女性正在觉醒。很多童话故事告诉女性要美丽、善良，要隐忍、等待，仿佛女性活着的价值就是等到白马王子，仿佛握住爱情就拥有了世界。在传统观念里，婚姻是女性的归处，不婚育的女性被认为是孤独的、不完整的。历史没有向我们提供女性多样化的人生故事，女性通常被放在从属的、次要的位置上。这样的思想影响着我们的祖母、母亲，也潜移默化地渗透我们的生命。现在，女性被赋予了前几代人都没有的权利，既可以徜徉在知识海洋，也能够逐梦职场，我们拥有向生命深处发展的自由。然而，我们也时常面临深深的恐惧和冲突，因为我们既不想沿袭传统女性的行为模式，又不能复制男性的行为模式。该成为怎样的女性，我们缺少范本。

女性，聚是不灭之火，能够照亮最黑暗的角落；散是满天繁星，没有一颗星星是相同的，每一颗都有其独特的视角和轨迹。成为怎样的女性，答案不在外面，而在每个女性的心里。因此，这本书不是关于"怎么办"的，你不需要他人赋权，你的故事由你自己写就。我在写这本书时，出于伦理及来访者安全感的考虑，书中未涉及任何临床案例，如果你读来熟悉，或许是生命深处的相通。

几千年前的人们并不懂得天体运行的规律，也不了解天与地的距离，但人们可以望向夜空，写下亘古流传的诗句，情感穿越时间让体验永驻。我自己在"黑夜"中挣扎摸索了很多年，慢慢走出既定的人生脚本，逐渐活得真实、有力量。现在，我把自己这颗星星的视角与思考献给你，愿你能够从内心拥有爱和工作的能力，并为自己所拥有的由衷地感到幸福和满足。

马晓韵

2022 年 3 月 8 日于深圳

第一章

性别 "女"

被看见、被听到、被理解，非常难得。这些条件使人确认自我的存在，能够安全地玩耍和表达，并且有勇气看向真实的自己。在这一章，我们将剖析和探索女性不自信、不坚定的深层原因，发现女性在成长过程中独特的游戏方式，理解性别"表演"，照见灵魂盲区，去伪存真地接近自己，接触内心的脆弱。

消失的声音

- 3 岁女孩讲话，会用"我的"
- 6 岁女孩讲话，会说"我喜欢"
- 9 岁女孩讲话，会谈"我想"
- 12 岁女孩讲话，会加"我不知道"
- 15 岁女孩讲话，会将"我"替换成"有人说"
  ……

心理学家卡罗尔·吉利根（Carol Gilligan）做过一项长达10 年的研究，这项研究发现，随着年龄的增长，女性会淡化自我意见和感受。一个具体表现就是，她们日常用语中"我"的使用越来越少。很多时候，**不是女性不知道自己的想法，而是她们会有意无意地隐藏自己的声音**。在大大小小的场合，女性往往很少主动起身发言。是这些女性没有独立观点吗？是她们自己没有力量吗？都不是。真实的原因是，女性在发出自己的声音前，需要克服的困难和需要突破的障碍比男性要大很多。

"我"的消失

我们可能有过这样的体验：当我们努力表达自己、对方却一直摇头或毫无反馈时，我们内心会感到委屈和挫败，会觉得反正自己说的话也不会被"听到"，说了也没啥用，不如不说。久而久之，我们可能就习惯了不去说。这就是女性常有的体验。这并不是家人、朋友有意为之，而是人们长期集体无意识中对女性的偏见和误解造成的。甚至，我们女性自己也在无形中促成、维护这样不重视女性声音的环境。

- "我可以说吗？"
- "说出来能被接受吗？"
- "别人会不会因此不喜欢我？"

动笔前，我问自己的第一个问题不是自己"想表达什么"，而是"不能写什么"。我整整齐齐地在白纸上列出了各种不能写、不该写、不讨巧的内容，给自己生生划出一条银河般宽广的限定，还自动退后两步，离规定的那条线远远的，然后才开始小心翼翼地动笔写。写着写着，我发现，即便是在写关于内在声音的文字时，我依然无意识地隐藏了自己的声音。看，女性是多么守规则啊。

是什么让女性变得如此"乖"？

社会性别"女"

现在，回忆一下 4 岁时的你身上有哪些细节？让我猜猜，你衣服的颜色可能是粉色、红色或黄色，衣服上有蝴蝶、花朵或小兔子的图案，你可能还有一个大眼睛长睫毛的娃娃玩具（如果是男生，我猜你的衣服是蓝色或绿色，玩具中有宝剑、汽车或小士兵）。如果你继续回忆，可能还会想起一些"过家家"的游戏，比如给小伙伴"泡茶""做饭"，给娃娃"做衣服"。没错，4 岁的你，已经拥有社会性别。

小时候，我留着过膝的长发，因为妈妈觉得女孩子就得留长头发，我爷爷则觉得女孩子要梳麻花辫才好看。这就是**家庭期待**。后来上幼儿园、学前班，老师们很喜欢我的长辫子，有一次我的辫子剪短了一些，有位女老师可惜地叹息了好半天，这就是**权威期待**。那时候正热播电视剧《青青河边草》，因为发型的缘故，我经常被当成电视里的"小草"，想象一下，你在街上走，陌生人因为你的长辫子注意你、夸奖你！这着实助长了我的自恋。这就是**环境期待**。这些期待合在一起，贯穿了一个人从小到大的过程，它们统称为**社会期待**，我们的社会性别**"女"**，就是在这样的期待中形成的。

社会期待的作用有多大呢？我上中学时，学校规定女生一律不能留长发！天呐，我陷入了巨大的恐慌，坐在理发店的镜子前，看着发型师一剪子下去，我哇的一声就哭了。其实，我并不喜欢留辫子，也没有觉得长发更适合我。只是在社会期待中，我开始**认同**，我是个女孩，女孩就要留长发，没有了长发，我是谁？我还能不能被接受？我第一次有了性别认同困惑。社会期待最大的影响，在于它会让我们按照约定俗成的规则，自动约束自己的形象，收敛自己的举止。

家人聚会时，我听到长辈说："女人头发长，见识短。"生活里，这样的说法真的比比皆是，它不仅限制了女性的个性发展，还制造了一种刻板印象——女人就是这样。一个女孩从小到大，往往经历很多刻板印象和性别期待的洗礼，女孩"不能疯跑""不能喊叫""不能像个男孩"。这些规训充斥于耳，逐渐掩盖了我们本来的模样，让我们不由自主地否定自己天然的内在声音。到了青春期，我们可能已经深谙女孩的生存法则，无意识地认为表达自己的声音是自私的、不成熟的、有缺陷的，转而借鉴吸收他人的、主流的、安全的表达。

斯坦福大学的一项重要行为学实验证实：假如迎面走来一个人，你的大脑第一反应是辨认这个人是男是女。这个自动化的识别要远远早于辨别种族、衣着颜色等信息。紧接着，你脑中关于"男人该怎样，女人该怎样"的社会期待就会像标尺一样丈量对面这个人："这女的真瘦""她怎么走路像个男人"。社会期待会深深影响我们对自己和他人的要求，潜移默化地规范我们的是非对错。

传统观念里，婚姻是成年女性的必要归处。如果一个女人没有丈夫，人们可能潜意识觉得她不完整、不幸福，是一个无依无靠的人。接下来，大脑就会自动分析，是什么让她没有丈夫，一个审判女性的思维通路就这么形成了。因此，当我们发明"剩女"这样的词时，暗含的逻辑是"女人没有在某个年龄段结婚一定是这个女人的错"，我们甚至会连带着想，是谁（或什么）影响了这个女人没有结婚。

很多女性一生都活在别人注视的目光中。社会的运行规则盯着女孩，从小教她要温柔善良，等她大一点又要求她自尊自爱，在她豆蔻年华时警告她不能让男生占便宜，而她一毕业就催着她赶紧恋爱结婚，女性的生命仿佛被植入了时钟，不按"点儿"走就来不及似的。我遇到的很多年轻女性都有一种说不出的隐忧和焦虑感，让她们活得不舒展、不自在、不通达。

新时代的女性被赋予了前几代女性都没有的权利，可以平等地接受教育、发展自我。我国受过高等教育的女性数量甚至超过了男性，女性就业人数与男性旗鼓相当。如今的女性可以去爱，去工作，去探究生命的意义。是按照别人的期待做一个规规矩矩的乖女孩，还是顶着各种压力，努力活出自己，是女性要面对的议题。

在关系中失声

有个情形想必你自己或身边的女性遇到过：女性在一个人的时候有想法又独立；**一旦进入关系，她的"声音"就自动消失了**。明明能说会道，面对父母的不合理要求却默不作声；寒窗苦读得来的知识，不能指导自己做出适合自己的人生选择；时常感到迷茫、困惑、无意义，原本坚定的想法经不起周围人的劝说；心中的梦想，在容貌、年龄焦虑里，就像纸飞机遇到水一样折了双翼。你可能会问，关系真的会让一个人发生这样的变化？下面我们就通过实验来看一看。

如图 1-1 所示，请从右图 A、B、C 三条线段中选出与左图线段 X 等长的线段。

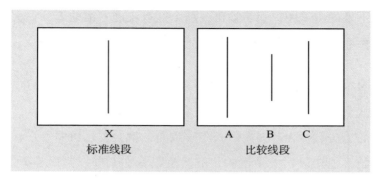

图 1-1 所罗门·阿希（Solomon Asch）从众实验

很简单，你一眼就看到了，正确答案是 C。但是，就这么一条线段，却让很多人睁眼说瞎话。一开始，被试独立作答时能够很容易地坚持自己的判断。这时，心理学家所罗门·阿希增加了一个条件——让被试处于群体关系里。他安排了每组 5 人，其中只有 1 人是真正的被试，其他 4 人都是"托儿"。

同样是这样的视觉选择题，当被试说出自己的答案（正确答案）时，其他 4 人全都说一个错误的、统一的答案。如果你去搜索阿希实验的视频，就能明显看到，被试脸上那种犹豫、纠结的神情。第二轮，被试有些纠结地说出自己的答案（正确答案），其他 4 人又全部都说错误的、统一的答案。这时，被试脸上明显出现了慌乱、紧张的神情，被试陷入了一场深深的**自我怀疑**，不敢相信自己的眼睛。接

下来的测试中，那名被试，那个拥有正确答案的人，一次
次地跟着其他人选择了错误的，但却与大家一致的答案。

阿希的从众实验证明，一个人会在社会期待之下变得盲目、
从众，失去独立判断和思考的能力。当一个人发现自己
的想法、行为与大多数人不一致时，就会发生扭曲。一开
始，他知道别人是错的，但还是跟着别人选择错误答案，
属于行为扭曲；时间久了，他会觉得可能别人看到或知道
自己不知道的，从而发生认知扭曲；如果持续时间更久，
他就会觉得自己的感知是错的，完全服从大多数，即感知
扭曲。

**在群体关系中，人的行为、认知、感知都可能发生扭曲，
变得不再遵从自我。** 比如，孩子生来并不怕狗，但是当周
围的人都对狗表现出害怕、慌张，孩子也会跟着害怕。这
个时候，孩子还不知道狗是什么，但是会认同群体对这一
动物的反应，于是孩子也变得怕狗。

社会期待对女性也有类似的影响作用，它让女性在关系里
隐藏自己真实的想法。通过观察男孩和女孩的游戏（选取
的是 4 岁以上已形成社会性别的孩子），我们发现一个明显
的不同：**男孩更倾向于制定和维护游戏规则；女孩则注重
保持关系，甚至会为了保住关系结束游戏**（下文将详述）。

关系取向的女性，会根据他人的期待（或者想象中他人的期待）不断调整自己的话语、举止；同时，总担心自己这样不好、那样不对，从而弱化或藏匿自己的想法，从众地改变自己的行为和认知。

如果得到的警告是"这样做会失去关系"，女性很可能会放弃自己的坚持，选择维护关系。比如，受"女人太能干会让男人没面子"说法的影响，大部分女性不是勇往直前地追逐自我，而是稍稍隐藏起自己的力量，给伴侣留足面子。甚至，关系一旦破裂，女性会首先反省"是自己哪里做错了才导致关系结束"。在越来越多"不能""要乖"的声音中，女性会不断调整自己，妥协、隐藏、削弱内在的声音。在这场人生游戏当中，**为了关系，我们放弃了自己**。

如果问一个女孩，理想的女性应该是怎样的？大部分回答可能是：温柔善良、美丽苗条、学业有成、事业出色、感情美满、家庭和睦、内外兼修、青春永驻。这样的回答，反映了女孩已经根据群体中的社会期待，一次次选择了"安全的"答案。但，这些不一定是女性真实的答案。

真实的"我"得以确立，有两个前提：被听见和被认可。二者缺一不可。在电视荧幕上，我们看到很多女性为了家庭舍弃事业；在爱情故事里，我们听到有些女性最大的梦想就是嫁得好；不仅如此，我们看惯了外婆在厨房忙碌，看惯了妈妈每天都有做不完的家务，这些言传身教让我们看到女性的"位置"在哪里、"角色"是什么。她们就像阿希实验中的"托儿"一样，不断告诉你"女性是这样的"。过去，我们很少看到、听到、体验到女性勇敢追求自己、独立生活、坚持自我，还能被鼓励、被认可的故事。我们被告知太多的"应该如何"，极少有人问问我们"想要什么"。

那么，究竟该如何寻找自己的内在声音？听好了，下面是"如何做"时间，只要按照我说的方法，你就一定能找到自己的内在声音。

等等，我们在做什么？！我们又在期待着别人告诉自己如何做，真是防不胜防啊。

寻找自己的内在声音，你需要与自己建立连接，向内看，看向真实的自己。在这个时候，任何书本、专家、权威都是靠不住的，他们只是给你一些虚幻的安全感罢了。**你必须真实地感受自我，听一听自己的声音，那些从你出生起就一直存在的、独特的、有趣的声音。**

女孩的游戏

作为心理咨询师，我经常被问这样一句话："你知道我在想什么吗？"

在 99.9% 的情况下，我真的不知道你在想什么。不过，我的确知道一些关于你的事，比如，1 岁时，你和你的养育者玩的游戏中，有藏猫猫。不同的地方游戏的形式可能有些许不同，在我老家是这么玩的：养育者看着小宝宝，说"猫猫猫猫，猫"，然后突然用双手遮住脸，或者躲到宝宝的视线之外；等一会儿，再出现在宝宝的视线里，再躲开、再出现，循环往复。这是小宝宝很喜欢的游戏，因为对于不满一岁的小宝宝来说，看不到这个人就代表这个人消失了，他会经历片刻的慌乱，而这个人再次出现，他又会感到失而复得的喜悦，咯咯地笑起来。这个人消失又出现，简直像变魔术一样。这是大家都会玩的逗娃游戏，在简单的"消失—出现—消失—出现"中，婴儿建立了对人基本的连接感和安全感。

游戏对于人类太重要了，它不仅让人感到轻松快乐，更让人在面对困难、冲突、挫折、失败时，能够在精神上存活下去。童年玩过很多游戏的人（必须是和人玩，和机器玩不算），成年后的心智化水平往往比较高，他们更擅长处理情绪，对人生的困境也比较看得开。

男孩的规则 vs 女孩的游戏

女性朋友在抱怨男性不信守承诺、邋遢、不够真诚时，往往会哀叹一句"唉，男人怎么都这样呢"。其实，就像"女性"是在社会期待中形成的一样，男性也不是一开始就是"男人样儿的"。

英国广播公司 BBC 在 2017 年做过一个社会实验：给 2 岁左右的男宝宝麦克（Michael）和女宝宝安吉尔（Angel）互换装扮。让麦克穿上安吉尔的粉色衣服，给安吉尔换上麦克的蓝色格子衫。然后请几个被试分别陪两个宝宝玩（这些人不知道宝宝的真实生理性别）。摄像机精准地记录了有趣的现象：这些被试给穿粉色衣服的麦克拿娃娃、小锅、小毯子，对他说话时柔声细气、温和可爱，和他的互动也充满了关系用词；而对穿着蓝色衣服的安吉尔，被试们则给她拿来了火箭、塑料手枪、小汽车等玩具，一个被试还把安吉尔抱到小木马上，喊"冲啊，我们多强壮啊"。这充分说明了，我们脑中的**性别期待会深刻影响我们与孩子的互动方式**。当这种互动方式成为全社会的共识，这个孩子就会被培养成一个"男孩"或一个"女孩"。

在一项持续多年的追踪观察中，朱迪·楚（Judy Chu）发现 4 岁前的男孩具备显著的真实、善良、艺术性、专注及对彼此真诚等特点。而这些男孩到了一年级时，则变得具有攻击性、专注力下降、艺术性减退，也开始对彼此不真诚。换言之，他们变成了有"男孩样儿"的男孩。为了成为"合群"的男孩，这些孩子牺牲了对关系的热爱、敏感和亲密。社会对男孩的期待，要求男孩做和女孩相反的事：不能太文静，不能爱哭，不能太温柔，不可以显得幼稚，不应该喜欢蝴蝶、花朵、裙子；男孩必须藏匿起他的爱——"啊，妈妈不要亲我"，或者学着像爸爸那样，掩盖自己的情感和脆弱。现在，看到瘫坐在沙发上打游戏的男友，除了生气，我们至少还可以想想，我们的社会是如何养育一个"男孩"的。

孩子 4 岁时，其社会性别已经形成。那么，观察 4 岁以上孩子的游戏，可以看到什么呢？心理学家让·皮亚杰

（Jean Piaget）花了毕生心血研究儿童的游戏，结论是：在自发游戏的情况下，男孩更执迷于对规则进行合理的解释，以及裁决冲突时的程序公平；女孩则没有表现出这种执迷，她们更希望游戏可以进行下去，规则可以根据游戏来调整，但需要以关系的持续作为前提。即，**男孩倾向于制定和维护规则，女孩更注重游戏本身和维护关系**。

举个例子，某小区有一群孩子，男孩们在一起做游戏，女孩们在一起玩耍。在自发的游戏中，这群男孩会更注重制定游戏规则，比如，多少人一组、怎么判断输赢。并且自觉地监督、保证游戏按照规则进行。遇到分歧时，男孩们可以通过协商解决，他们的游戏往往充满技巧、力量的比拼，游戏的目的在于赢得游戏。女孩子的游戏则显得没那么具备竞争性，而且在她们看来，游戏规则不是头等重要的，游戏的重点在于增进关系，女孩子更注重游戏本身；当规则与游戏产生冲突时，她们很容易修改规则以保证游戏进行，当出现分歧时，她们会进行沟通，但如果这个分歧威胁到关系的存续，女孩们往往会放弃游戏以维护关系。

接下来，出现一个新情况：游戏人数不够，隔壁小区有几个孩子想加入。男孩群体会做出什么反应呢？维持规则——"不是我们小区的，不能参加""队伍人数不能变"；注重竞争——"比赛输了,队友真差劲";目的在于赢——"为什么 ×× 今天没参加,输了比赛都怪他,他是个叛徒!"

这种情况下,女孩群体的游戏就会显出优势:在乎玩耍本身——"能玩就行,别的小区的可以参加";更改规则——"人数不够,那俩人一组吧";注重关系——"我不想莉莉不开心,她已经两轮没上场了"。当然,女孩的游戏对于规则的制定和推进,不如男孩的游戏那么直截了当。有人说,这只是孩子的游戏,他们长大了不一定还是这样。成长的确让男孩女孩的游戏发生了变化。我们可以一起来做一道思考题。

海因兹的妻子得了重病,治疗这种病需要一种价格昂贵的药物,药剂师拒绝以低价把药出售给海因兹。得不到药物,海因兹的妻子便会死去。问,海因兹是否应该去偷药救妻子?

相信你已经在脑中做了一番挣扎,下面我们就看看两个青春期孩子是如何回答的。卡罗尔·吉利根随机选取了一男一女进行询问:13 岁的杰克态度明确,海因兹应当偷药。"生命比金钱更重要"的逻辑,让杰克认为应该优先挽救生命(制定规则)。当被问到是否触犯法律时,杰克说:

"我想法官可能会认为他是为了救人，给他网开一面"（遵守规则）；当被问到海因兹爱不爱他的妻子时，杰克坚持自己的判断："法律可能需要调整（修改规则），但是他应该去挽救生命"，杰克坚持自己的答案，在被反复提问时没有出现丝毫动摇。

12岁的艾米没有理直气壮地给出答案，她的回答有些犹豫："这个嘛，还是不该去偷药，但是不能让妻子死去"（注重关系）"他可以试试找朋友借钱，或者贷款等，但他不应该去偷"（考虑关系）。当被问到为什么不应当偷时，她既没有考虑法律也没有考虑财产，而是做出了对于海因兹与妻子关系的阐述："如果他偷了药，虽然救了妻子，但是他可能会活在罪恶感里，也可能因此进监狱。如果妻子再次重病，他将无法获得药品，这可能不是件好事。我觉得他们应该先商量一下，寻找合理的解决办法"（关注关系和玩耍的本质）。艾米并没有把困境当作逻辑问题，而是用时间顺序描述了行为对关系的影响。她还认为，药剂师作为药物持有者，做出的反应本身有问题。当被问到如果将问题中的妻子替换成陌生人时，艾米依然觉得应该给予帮助。但是，当被不断重复提问时，艾米开始变得不安和拘谨，回答越来越含糊，最后只能有些无力地说："这可能是不正当的，偷药后，医生无法给他用药指导。"

艾米的内心有着女性特有的"游戏方式",但这种游戏方式到了青春期已经开始动摇。随着年岁增长,这种不一样的声音还可能逐渐消失。我们人类社会现行的规则和认知,大多是在以男性作为主体的框架下建立的。可以想象成,全社会是在一场"男孩的游戏"之中。当女性不断长大,她可能需要**逐渐去认同一个统一的、被大众推崇的思维方式,也就是内化男孩的游戏方式**。比如,当不合理的事情发生,我们首先想到的是通过制定或升级法律规则,来保证公平或防止损害。

对于人类社会的困境:资源枯竭、贫富差距、环境破坏等,**女孩的游戏方式难道不该是现行游戏规则的优化与补充**?

你的游戏

很多女性,包括我自己,在长大的过程中不同程度地舍弃了女孩的游戏方式,学习和顺应了男孩的游戏方式。甚至,有的女性过度认同男孩的游戏方式,不自觉地要求自己像男孩一样去思考和行动,忽略了自己独特的游戏方式。

有几年,我为家暴受害者提供心理支持,这些受害者有男有女。对家暴事件的常规处理流程是:依法办事,社区劝说教育、取证，情形严重的提供临时安置所。法规无法照顾到所有情形，如果在实施层面碰到应完善之处，通常的做法是，一级一级反映上去，期待法律层面做出修订（男孩的游戏方式）。然而，一项立法的推进与改革往往要经历数年甚至数十年之久，很多家暴受害者等不了那么久。这个时候，女孩的游戏方式就显得很有必要。许多为受害者提供援助的公益组织，都是由女性创办经营的，这些组织第一时间回应当事人的需求，提供有用的知识信息，帮助当事人取证、报案，并且及时启动心理支持和援助，提供了律法之外的人性关怀（女孩的游戏）。

这几年，我捐助了两位大山深处的女中学生。我选择的公益机构本身不经手善款，而是由我自己每学期把捐助款转入学生的个人银行账户。一开始，我的想法很简单，捐助嘛，肯定越多越好，每次转账都想多转一些，特别是看到我捐助的两个女孩家人残疾、家徒四壁的情况。但是，工作人员提醒我，按照每学期建议的金额转账，不要多转。起先我不理解，受到男孩游戏规则的影响，我以为弱就要帮、贫就要扶。但后来，当我用女孩的游戏方式去理解这件事，视角变得多元、丰富起来：充足的物质支持，可以解决当下的困难，却抹杀了个体的主动性，甚至可能让一个贫困的家庭陷入被动接受的循环，不能从根本上改变其困境。要走出贫困，那两个受捐助的女孩和她们的家庭必须发展出自己的"游戏方式"。

作为女性，当我们的成功要以失去或损坏关系为代价时，我们就会陷入极大的焦虑，甚至会放弃成功的机会（维护关系，退出游戏）。比如关于"女强人"，不少人认为"女人事业强大了可能没人爱"。即便我非常不认可这样的说法，但在强大的群体潜意识中，我还是会不由自主地否定自己的意见和价值。

职场女性都会面临事业与家庭的艰难抉择，是追求自己的事业，做一个"女强人"，还是为了关系牺牲付出，做一个家庭主妇？更多时候，我们希望做到两者兼顾，而这几乎是不可能的。事实上，要做出选择，本身就是认同了男孩的游戏规则：很多家庭主妇觉得自己的劳动付出没有价值，认为那只是维护了关系，没有像男性那样，赢得一场游戏；很多事业型女性也会担心自己经营不好关系，无意识地在关系中讨好，扮演起照顾者、关怀者、牺牲者角色，并觉得这是理所应当的。

如果只有男孩的游戏，人类可能会停滞在僵化的规则中寸步难行，对规则的过度强调，可能让我们无法容纳个体多样性，也不能照顾到群体的情感需求。可喜的是，这些年，我听到越来越多来自女性的不一样的声音，这些声音包含了女性深刻的思考，在悄然影响着社会规则，改变着整个"游戏"的进程。

我所捐助的两个女孩给我写信，说她们如何用自己的方式保持学业进步，说她们和家人正在彼此支持、共渡难关。其中一封信中写道："**没有伞的孩子必须学会跑**。"看，这是女孩的游戏方式。

让我看见你

我是从大学时代开始穿高跟鞋的。记得一位老师说："女性必须学会穿高跟鞋才有气质。"那个学期，我和同学相约去市区的"女人街"买了高跟鞋，穿着细跟尖头皮鞋一瘸一拐地走了很久才终于可以走得正常些，心想，这算是从女孩过渡到女人了吧。

就这样，我持续穿了 10 年高跟鞋。广告里的模特踩着巨高的细跟鞋、面带笑容、灵活地扭动着腰肢，她们看上去很快乐，可是她们不会告诉你：穿上高跟鞋的那一刻，全身重量都集中在前脚掌，人并不是由鞋子支撑，而是靠着脚底磨出的茧子减少疼痛；有时跑去洗手间，只是为了更换后脚跟的创可贴。但即便如此痛苦，我依然十年如一日穿着高跟鞋爬楼、挤地铁，周末和女伴穿着高跟鞋排队、逛街。因为，我们都默认，高跟鞋是女人美丽、性感、职业、成熟的标志，男人喜欢穿高跟鞋的女性。我们甚至迷信穿高跟鞋可以让腿越来越细。

在媒体工作的那些年，我和我的高跟鞋成了欢喜冤家，多少次我恨不得一脚把它们踢飞，但又不敢以穿平底鞋的自己示人。最离谱的一次，我因为临时安排，穿着高跟鞋爬完了长城的好汉坡，同行的人几次问我累不累，我都回答"没事儿"。

自信的女孩

有不少女性朋友问我："怎样才能更自信？"她们看向我的目光中充满了期待，仿佛可以通过一个方法或建议就可以从此对自己充满信心。如果当时我告诉她们某本书、某个产品可以让人自信，她们很可能会去购买。以前，我也许会不负责任地给出答案，比如"有一份骄傲的事业"或者"稳定的感情"，我甚至以为穿高跟鞋的自己是自信的，我有一个"确凿的人设"，只要我想方设法维持住这个人设，我就可以"自信"地走出门去面对世界。离开记者岗位多年后，"脚踏实地"的我才意识到，自信只是"**相信自己是值得的**"，跟其他任何事物都无关。

对女性来说，依赖高跟鞋本身就是一种不够自信的表现。你的外貌自信建立在"恨天高"之上，你的女性气质需要通过高跟鞋来体现。如果去掉这个介质，你可能不再是那个自信的你。同理，"化妆才能出门"也跟容貌自信有关。有些女性很容易给自己设定各种要求，只有符合了要求，自己才"可以见人"。有统计表明，女性每天出门前花在镜子前的时间，约等于男性的 6 ~ 10 倍，不是因为女性"臭美"，而是因为我们对自己的外表有更多的焦虑。

事实上，一些商家提供的"帮女性自信"的方案，更多是在强化一个需求，让女性相信，只要拥有了某个物品或掌握了某项技能，就可以从内而外自信起来。但其背后的逻辑却是告诉女人"你有缺失""你不够好"，反而让女性在潜意识层面增加了不够自信的砝码。它们引导人将希望寄托在某个事物上，通过相信这个事物获得一种"被疗愈"的假象。商家利用了精神分析中的"投射"，把一个人本该对自己的信任投注到某个事物上，通过保持与这个事物的连接获得自信。这也解释了为什么购物带来的满足感会很快消失。

羞耻感

那么，不自信可能跟什么有关？我想，是羞耻感（shame），羞耻感往往带给人很深刻的体验，又很难被谈论。

羞耻感与愧疚感（guilty）是不同的。愧疚感是"对不起，我犯了个错误"；羞耻感则是"对不起，我是个错误"。愧疚感促使一个人行动，比如通过做事弥补，努力讨好，试图修复；羞耻感则会使一个人保持沉默，自我攻击，设法掩盖。这两种感受都对人的心理有巨大影响，但羞耻感更具有破坏性，它往往导致一个人抑郁、愤怒、攻击，也可能导致成瘾、进食障碍等。

羞耻感的体验不分性别，但在表达羞耻感方面，男女存在很大差异。对男性来说，羞耻感意味着软弱，其背后是大男子主义精神在起作用；对女性来说，羞耻感往往代表了一系列复杂的、矛盾的、难以企及的自我要求：上得厅堂、下得厨房，里里外外都料理妥当，辛苦尴尬不写在脸上。

羞耻感于女性，是脱不掉的高跟鞋，即便足弓会因此变形。因为，**我们太害怕没有了这个安全的人设，自己会一无是处，会不被人喜欢。**"对不起我是这样的，你还会不会爱我？"哪怕面对最亲密的人，仅仅说出这句话都需要很大的勇气。我们总认为自己是不好的,生怕被人看出来。就像在大冬天怀里揣着个冰疙瘩,冻得牙齿发抖也不敢敞开胸怀告诉人家,担心被讥讽、嘲笑、看不起,而自己的体温又不够暖化这块冰,就只能弓着腰、低着头、一再躲避,不敢露出真实的模样。

灵魂盲区

面对羞耻感,我们需要拥抱脆弱(下文将详述)。童年时体弱多病的我,经常需要进出医院。而面对一个生病的孩子,父母难免焦虑。所以,童年的我被看到、被肯定的时刻,是打针不哭、吃药不闹,"乖巧懂事"就成了我的黄金法则,甚至,医生经常拿我当"别人家的小孩",指着我对哭闹的小病人说:"你看,这么小的孩子都不哭,多坚强,多有意志力"。时间久了,我的内心就认为,我只有坚强、乖巧才能够被认可,换言之,脆弱是不被接受的。

习惯坚强的我,面对穿高跟鞋这样的辛苦,往往是迎难而上,还努力做到滴水不漏。但是在关系中,麻烦就来了。我不能也不敢表达需求,因为我想当然认为这是不可以的,不会被接受的。别人喜欢我是因为我"行",我就不能不行,更不能让他人看到我"不行"。我一直都很羡慕那些能够理直气壮"麻烦别人"的人，如果我求人帮个小忙，非得千恩万谢不可。这是因为，我内心对自己"依赖他人"感到羞耻，因此刻意隐藏，伪装成一个"什么都能自己扛"的形象。这在心理学上叫作假我——婴幼儿在不安全的状态下，会根据环境调整自己的行为，发展出一个迎合抚养者的自我。这个假我在成长过程中不断被强化，就会成为一个巨大的人设面具，让一个人觉得，离开这个面具，自己将"见光死"。

精神分析师雷奥纳多·申苟德（Leonard Shengold）提出过一个概念，叫灵魂盲区（soul blindness），指的是一个人最核心的感受、愿望、冲突没有被他最重要的人（母亲、父亲、朋友或老师）感知到。因为从未被看到，人对这部分的感知非常模糊；因为这部分没有被光照亮，人会觉得它不重要；因为这部分没有被重要的人确认、回应，人会为自己有这个部分感到羞耻。**这是一种极其孤独的感受**，因为生命中非常重要的部分没被看到，我们的人生就像走入了一个盲区，前面是什么从未体验过，所以战战兢兢、寸步难行。这也往往是羞耻感的来源。如果一个人在幼年时被过度忽略（抚养者缺乏共情，冷漠对待或极度焦虑），则他不仅会产生灵魂盲区，还可能会被"灵魂杀手"（soul murder）折磨，觉得"生而为人，我很抱歉"。

高跟鞋磨破的伤口就像灵魂盲区带来的羞耻感那样，即便再痛、再孤独，我也宁愿忍受。甚至，如果有人关心问询，我的第一反应是撒谎，用一句"我没事"掩盖自己的真实感受。这让我进一步失去与人的连接，或者仅仅建立一种虚假的关系。反过来，这样的人际关系模式，又会使我觉得"不可能有人接受真实的我，别人喜欢我只是因为那些外在的假象"。如此往复，难得始终。

去伪存真

我本人非常反对"教"人怎么做，因为人是如此千差万别，一个方法在你这里适用，在别人那里很可能没用，到头来徒增挫败感。但是，我确实有一些真实的体验可以分享给你，或许能够帮你多一个视角。

达·芬奇描述，绘画的过程是添加色彩产生作品，雕塑是移除多余呈现本真。被看见的过程就像雕塑，不是因为自己不好而去添加什么，而是，**"我"足够了，我们可以逐渐剥离虚假的部分，呈现原本那个真实的自我**。看见真实的自己也许不会马上让你自信倍增，但就像我脱去高跟鞋双脚踩在地上的那一刻，很踏实。要在关系中被看见，我们需要尝试表达自己真实的需求。

在非常疲惫的时候，我鼓足勇气对伴侣说："其实，我希望更多地被支持。"天呐，这句话几乎耗尽了我全身的力气。这么简单的一句话，说完后我居然自己先哭了。眼泪让我整个人轻松、柔软下来，我不再是那个铁骨铮铮的斗士，那一刻的我，是一个普通的、真实的、有需求的人。伴侣的回应是积极的，这让我此后表达需要变得越来越容易。当然，即便我收到一个消极的回复，甚至没收到回应，都是可以的，因为我们固有的行为模式在一次次尝试中会发生质的改变。

最困难的往往是迈向盲区的第一步，那种未知、不确定、恐惧感非常强烈。但当你真的走出这一步时就会发现，羞耻感大多是自己加给自己的。分享苦衷最坏的结果是得不到回应，但是，你自己会因为分享行为本身变得更真实；而表达出自己的需求，也会让你更相信**自己是值得的**。

世间最难得的，是被看到、被听见、被理解。愿你拥有"高跟鞋"也拥有"跑鞋"，愿你被全然看到，愿你在岁月里一往情深不用回头。

美丽的脆弱

我在多年的临床工作中发现，困扰大多数来访者的**不是他们不够坚强，而是他们不允许自己脆弱**（vulnerability）。很多走入心理咨询室的来访者，在别人看来他们好像没什么问题，他们可以出色地完成学业，拥有体面的工作，能够建立家庭和社交关系，但是，他们的内心压抑了非常多的负面情绪，这些长期被压抑的情绪已经将他们耗空了。

最难的表达

诺玛·巴蒂达斯是一位单亲妈妈，2014年，她用65天时间打破了路程最长的铁人三项运动世界纪录。她翻越许多山峰，在沙漠中孤独奔跑，她游泳、骑行、跑步6054公里，她走过的路程是男子铁人三项运动世界纪录长度的3倍。她并没有从小接受训练，更不是什么专业运动员，事实上，诺玛的前半生一直挣扎在失控的旋涡中。

诺玛出生、成长于墨西哥，在11岁时被自己的盲人叔叔施暴。19岁时，为了摆脱困境、给家人提供经济支持，诺玛答应了一份"模特"工作，结果被拐卖到地下酒吧。被死亡威胁的诺玛想方设法逃到了加拿大，但过去的创伤让她无所适从，只能用大量酒精麻醉自己，她结了婚又离了婚，没有稳定工作，长子还患有严重眼疾。

40 岁的诺玛第一次穿上跑鞋，她突然找到了生命中某种可控的东西。"我们不仅要打破纪录，我们还要粉碎世界纪录（Let's not just break it, let's smash the record）。"她从墨西哥的坎昆市出发，经由墨西哥城到达美国华盛顿，这是人口贩卖事件频发的路段，为了唤起人们对贩卖妇女问题的关注，诺玛特意选择了这条艰苦的路线作为铁人三项的征程。

站在众多遭遇暴力和被贩卖的幸存者之中，诺玛第一次说出"我也是其中一个"。

我这辈子做过的最勇敢的事
是站在一群人面前说：
"我是一名性暴力和人口贩卖罪行的幸存者。"

——诺玛·巴蒂达斯（Norma Bastidas）

"我这辈子从未像第一次讲出自己的经历时那样恐惧过，我犹豫了那么久，我一边说一边想收回说出的话，因为我实在太害怕了"，诺玛在纪录片《女人》（*Woman*）中如此说。

直到说出这一切，诺玛才第一次被告知，她所遭遇的一切

（性侵、被贩卖、被威胁、儿子的疾病）都"不是自己的错"。很多幸存者之所以保持沉默，是因为她们内心觉得这是自己的过错。当外界环境无法控制时，人们往往会从自己身上找原因，比起无助地怨天尤人，归咎到自己身上要可控一些。这也是为什么**很多女性在经历创伤后，会认为这是一件羞耻且罪恶的事而选择闭口不谈**。

脆弱不等于软弱

和诺玛一样，很多女性在心理咨询前已经尽全力活下来了。有些来访者在刚见到咨询师时会说："我不想谈父母，也拒绝聊童年，我只需要你给我一些方法和建议"。这是因为，**我们习惯把脆弱当作软弱**（weakness），认为敞开心扉就是哭哭啼啼、嘤嘤弱弱。受创者对此是非常抗拒的。

布琳·布朗（Brene Brown）在《脆弱的力量》（*The Gifts of Imperfection*）一书中，将脆弱（vulnerability）描述为"暴露于不确定、风险和情绪之中的状态"。对于诺玛而言，最难的不是逃离施暴者和人贩子，也不是打破世界纪录，而是面对自己的脆弱，讲述自己的故事。

勇气（courage）一词在拉丁语中意为"以全心全意的方式

讲述你自己”。**真实地表达自己，允许自己被看到，恰恰是勇气的最佳体现**。如果我们的内心是一个蓄水池，池子里的水就是我们的各种情绪（愤怒、伤心、痛苦、纠结、委屈、害怕），水越积越多，我们会烦躁、拖延、力不从心、状态消沉，很多人对此的解决方案是加固蓄水池的岩壁，避免情绪流露出来。

脆弱的力量

对有些人来说，相比于真诚地袒露自己，屏蔽自己的情绪容易很多。诺玛能够从人贩子手中死里逃生，却无法面对创伤闪回的时刻，这导致她借助酒精麻醉自己。我时常被这样的经历触动，但又为这样的“坚强”心疼，太多女性担心一旦触碰情绪，就会一发不可收拾，陷入全面的崩溃。她们在繁忙的工作之余，读书、健身、报课程，绝不给自己喘息的机会，以此逃离情绪。但这会让她们什么都体验不到。因为当我们试图屏蔽负面情绪时，我们的大脑并不会只屏蔽一种情绪，而是同时屏蔽所有情绪。久而久之，我们就变得无法体验到好奇、兴奋、愉悦，变得对什么都提不起兴趣。

面对失控，我们的本能反应是去控制。很多企业找到我，希望我给员工做心理讲座，他们往往会对我说："希望你能帮我们测试员工的压力，然后跟他们讲讲怎么去控制自己的情绪。"而测试和控制的结果往往适得其反。用数据体现不确定、不可测的压力，用制度管理不可控、无法捉摸的情绪，看上去安全简单，其实是对情绪的根本否定。

对于诺玛来说，真正的疗愈始于她允许自己脆弱的那一刻："讲述，让我变得更强也更好，我现在意识到，正是沉默让创伤继续侵蚀我的生活，而暴力会在沉默中滋长。"当我们以"我"为起点，全心全意地讲述自己时，情绪的蓄水池会开闸放水，在眼泪、痛苦和无助中，我们被看到，并建立起和他人的连接。

虽然脆弱意味着我们可能会体验哀悼、羞耻、恐惧、失望，**但脆弱也可能让我们产生爱和归属感，让我们更真实、更具有创造力**。每个人都有脆弱的一面，最美的不是那个"应该的"自己，而是那个真实的、不完美的自己。在犹豫中去爱，在失意里去哭，在恐惧中抱一抱脆弱的自己，因为，你，足够好了。

第二章

自我

在成为女性的过程中，故事起到了非常重要的作用。我们童年时听着故事，把自己带入各种角色，这些故事不知不觉中被写入我们的人生脚本。作为女性，我们被社会期待要求举止要像个公主；我们渴望爱却不能主动追求爱；我们拥有力量却需要等着被拯救。要消除故事中的魔法，一个比较好的方式，就是重新解构我们耳熟能详的故事。

让我们带着好奇的目光，重新走入童话的潜意识森林，在白雪公主的魔镜前思索，寻觅小红帽的踪迹，听一听灰姑娘的心理咨询。这一次，我们不再止步于"从此幸福地生活在一起"，而是真诚地发问、辩证地绕开童话的套路，去探究真实的自我，走出童话的迷雾。

童话是场误会

每次看到小朋友玩智能手机，都能勾起我对童年借磁带的回忆，那大概是我最早接触的文化交流了。在20世纪80年代，故事磁带还比较昂贵，幼小的我喜欢跟小伙伴们互借磁带，然后让家长用录音机翻录下来，一遍一遍听着入睡。《伊索寓言》《安徒生童话》《格林童话》等都是我耳熟能详的故事，我还会模仿《查理的巧克力工厂》偷偷把巧克力的锡纸拆开一角，舔一舔，然后包好放在枕头下（于是就有了蛀牙）。在那些枕着故事睡去的夜晚，美妙的童话成了我童年重要的精神食粮。

可能不会有人相信童话故事是真的，但很少有人会质疑童话故事传递的价值信息是不是正确。长大后，我们发现公主吻过的青蛙并不能变王子，盛大婚礼后也不全都"从此幸福地生活在一起"，女孩子不会因为善良就都能获得"仙女"的帮助，穿越荆棘森林的女孩们不仅要亲手屠龙，有时还要救心上人于水火之中。这让我们开始怀疑，"很久很久以前"究竟是多久以前，为什么童话故事总是发生在城堡或森林之中。

童话 ≠ 儿童文学

心理分析学者将童话定义为帮助儿童处理潜意识冲突的读物，卡尔·荣格（Carl Jung）认为童话是人类集体无意识的一种集中体现。

或许，比定义童话更重要的，是**童话如何定义我们**。很多孩子在童话的指引下形成自己最初的人生脚本：童话里的男孩渴望成为国王，而女孩则盼着嫁给王子。

一些人在学会说话前，童话就是他们前语言期的文学；在他们走入社会前，童话向他们展现了长大后的情形。不少人在童话中学会辨别对与错、好与坏。

事实上，童话一开始并不是写给儿童的，而是写给 17 世纪宫廷贵族的。我们现在熟知的《睡美人》《灰姑娘》《蓝胡子》《穿靴子的猫》《小红帽》都出自法国作家夏尔·佩罗（Charles Perrault）的《鹅妈妈的故事》一书。

警示作用

到了格林兄弟时代，童话从宫廷转到了家庭。随着历史演变，女性的角色也在发生变化，因此，格林兄弟在《小红帽》中加入了一个重要角色——猎人，猎人拯救了小红帽。这样的故事，目的是告诉小女孩要听话，不要和陌生人说话，并且等着被好男人（父亲或丈夫）拯救。

童话依然在演变，迪士尼也不断将童话故事中的女主角演绎得更加坚强、独立、自信。不过，听着童话故事长大的我们，似乎需要重新回味和思考这些故事在我们心中种下的种子。**幻想十分重要**，它让我们在平淡艰辛的岁月中获**得心理平衡**，因此，我依然鼓励你保持幻想。只是当我们将几个世纪前的价值观和故事情节作为人生脚本时，很可能收获失望和痛苦。接下来，我将通过解构童话，陪你消除"魔法"，探索女性的真相。

魔镜魔镜告诉我

王后有一面神奇的魔镜，她每天都会问："魔镜魔镜，谁是这世界上最美的女人？"

"是您，我的女王，这世界上，您是最美的"魔镜回答道。王后心满意足。

白雪公主一天天长大，她的皮肤白净如雪，嘴唇赤红如血，头发乌黑柔顺。

有一天，王后又问魔镜："魔镜魔镜，谁是这世界上最美的女人？"

魔镜回答道："我的女王，在这里您最美，但是，白雪公主比您美丽一千倍。"王后听了又惊又妒，她辗转难眠，一心想除掉白雪公主这个眼中钉、肉中刺……

后面发生的事，大家都知道啦。我们如此熟悉《白雪公主》的故事，很多女孩都幻想过被心爱的王子拯救，将恶毒王后扳倒的情景。可是，我美丽的"公主"，现在请跟我想一想，谁才是这个故事的幕后主宰？

是骄傲邪恶的王后？是善良美丽的白雪公主？还是王子或七个小矮人？

都不是。真正的主宰，是魔镜。

回顾这个故事，你会发现，每到关键时刻，魔镜都会出来说话，它的话语巧妙地煽动了人物情感，造成了一系列冲突：如果不是魔镜，王后不会对白雪公主心生杀意；如果不是魔镜，白雪公主也不会逃到森林深处；如果不是魔镜，王后不会化装成老太婆给白雪公主递上毒苹果；如果不是魔镜，王子也不会发现水晶棺里的公主。当我们一次次为除恶扬善的结局感到快慰时，魔镜却躲在戏幕之后。

凝视机制

这么一想，我们不免对魔镜的威力有些害怕。究竟是怎样的魔法使得一面镜子可以在人间兴风作浪？魔镜，象征着米歇尔·福柯（Michel Foucault）所说的凝视机制，这种机制使得女性（也可以是男性）成了被凝视的对象，她的容貌、身材、皮肤、头发都成了被品评的指征。（为了成为镜中美人，我们购买护肤品、穿时髦的衣裙、烫染头发、踩着高跟鞋走路。）

不仅如此，故事中的每个人都有性别，而唯独魔镜没有，它像一个全知全能的存在，对每一个社会成员施展"法术"。杰米里·边沁（Jeremy Bentham）曾经设计过这样一种监狱：一个高处的瞭望塔，塔内有一圈圆形的窗户，里面的人可以透过窗户玻璃看到瞭望塔外的所有人。由于逆光，塔外的人看不到塔内的情况。塔外的人由于不知道是否正在被注视，需要时刻谨言慎行，久而久之，因被注视而形成了一种自我监督。魔镜就像这个瞭望塔一样，在它的注视下，容貌焦虑、身材焦虑成为女性每一天的体验。

吃东西计算卡路里；走路不敢大大咧咧；不化妆不敢出门；言语要温柔、举止要大方。据说在日本江户时代，有个职业叫"屁负比丘尼"，职责是当贵族小姐放屁时，挺身而出，主动代小姐承认屁是自己放的。

这么想来，《白雪公主》中的每个人物都有悲剧色彩。

束缚所有性别

王后

作为新王后，她的资本是自己的容貌。为了稳住自己在宫中的地位，她战战兢兢、如临大敌地活着。她受到父权制、等级制度的规训，没有安全感和价值感。面对年华渐逝，她无力抵抗被冷落的命运，只能将愤怒和仇恨施加到继女身上，这也让她失去了唯一的女性盟友，最终被王子命令穿上铁鞋，不断跳舞致死。她的一生，是被魔镜异化的献祭。

白雪公主

白雪公主刚出生就失去了母亲，刚刚和继母建立起依恋关系，就被依恋对象威胁恐吓（让人忍不住思考，作为国王的生父缺席了）。身为公主，她流落森林深处，只能靠七个小矮人的救济生存，而接受救济的条件是"保持房子的整洁，做饭、铺床叠被、洗衣服、缝纫和编织，并使得一切干净有序"，简直是小矮人的廉价劳动力。不仅如此，小矮人们还警告她，不得独自走进森林。逃离皇宫的白雪公主并没有更自由。在《白雪公主》故事的各样版本中，她一次次咬着毒苹果"死去"，等待王子找到她，爱上她，搭救她，迎娶她，成为新王后。

其实，我们可以把白雪公主和王后看成女人的一体两面。白雪公主象征着年轻女性的困境，王后象征着年长女性的焦虑。魔镜并不欣赏女性两种阶段的独特美，它对美的标准专断且唯一。在男性凝视的作用下，年轻女性羡慕年长女性的权力和威望，年长女性嫉妒年轻女性的貌美出众，二者都备受束缚、不得其所。试着想象一下，白雪公主的婚后生活是什么样子？她经历了这样的劫难，也深深相信容貌是自己唯一的砝码，成为新王后的白雪公主是否会继续日复一日地问：魔镜魔镜，谁是这世界上最美的女人？

也许有人看到这里，会对故事中的男性愤怒，认为他们导致了两个女性的厄运。我并不赞同。国王、猎人、七个小矮人、王子，他们只是顺应了男性凝视的规则，以统一的审美标准衡量女性，无法欣赏个体的独特性，包括他们自己的。（不信的话，看看男性不断攀升的整形数据就知道了。）**凝视机制的问题在于，它束缚了每一个人。**

那么，又是谁制定了这个机制？

独特的美

我想分享一点体验：我有在电视台实习的经历。有一次直播，在后台时我刚好和主持人的化妆师坐在一起。当时还是传媒专业学生的我希望可以被化妆师指点一下"上镜妆"。我清楚地记得，化妆师用大拇指和小指捏住我的脸颊，一边咂嘴一边说："哎，你这张脸怎么化都不行，你看你，腮帮子这么宽，得削骨。"这句话让我有了一种无论怎么努力都被天生缺陷限制的无力感，自此认定自己的脸"不上镜"。这种"我不行"的感受伴随我多年，照镜子时，我会忍不住用手遮住两腮，心想如果自己是瓜子脸该多好。谢天谢地！我没有对自己动刀子。

不仅电视荧幕对一个人的美有要求，我们的生活中处处都有单一的审美规则。每年时尚界发布新一季的流行趋势，都会引发百亿美金的市场需求。**审美规则的制定者是少数的设计师和决策者**，他们的目光决定了什么是"美"，而他们的标准在被全球推广后，就被演变成街头巷尾每个女孩心中美的目标。为了穿上一件流行的紧身 T 恤，多少女孩不惜牺牲健康去瘦身，简直是现代版的削足适履。魔镜也潜伏在医美行业之中，整形机构几乎是用模具在塑造"美女美男"。当然，整形是个人意愿，值得尊重。但单一的标准是对人类多样性的扼杀。当魔镜效应通过商业宣传鼓吹美与帅的单一标准时，也就在我们的潜意识中植入了"除此之外都不行"的想法。

如果说单一的审美标准是魔镜，那么对"不行""不好""不够"的焦虑就是魔法，时刻影响着我们的判断和行为。我们为了达到魔镜的标准，不断向它输送着注意力、金钱和期待，而魔镜存在的目的，就是要照见人们的"问题"。

白雪公主和王后也许没能逃出魔镜的控制，那是童话故事里发生的事；生活在现实中的我们，一旦开始独立思考，就会发现很多审美标准不攻自破。魔镜也只有在失去魔力后，才能映出我们真实的样子。**你，拥有独一无二的美。**

危险小红帽

我独自走在郊外的小路上
我把糕点带给外婆尝一尝
她家住在遥远又僻静的地方
我要当心附近是否有大灰狼

当太阳下山岗

我要赶回家

同妈妈一起进入甜蜜梦乡

凭借记忆，我打出了《小红帽》这首歌的完整歌词。这真是一首深入人心的童谣啊，很多孩子都会唱，几乎每个孩子都知道《小红帽》的故事。

很久很久以前，有个小姑娘，因为喜欢戴着母亲送的红帽子，被大家亲切地称为小红帽。有一天，小红帽的妈妈叫她去看望住在森林里的外婆，并为外婆带去糕点食物。妈妈叮嘱小红帽，不可以离开大路。但是小红帽在森林里越玩越开心，忘记了妈妈的叮嘱。大灰狼出现了，它溜进外婆家一口吞了外婆，然后躺在床上伪装成外婆等小红帽到来。涉世未深的小红帽几番询问这个长相怪异的"外婆"后，被一口吃掉。幸好这时有个猎人经过，他看见狼的肚子鼓鼓的，就剖开了狼肚，救出了外婆和小红帽。

很少有童话会像《小红帽》一样，让人们在过去几百年中改编上百个版本。那么简单的一个故事，却被改编成影视剧一再重映，也许正如弗洛伊德所说，这个故事很好地诠释了本我（id）、自我（ego）和超我（superego）的互制关系。大灰狼代表一个人的**本我**，它由一系列原始欲望和本能组成，比如食欲、性欲、攻击欲等；母亲的叮嘱与猎人的营救代表**超我**，它是道德的大法官，从理智和社会规范的角度约束一个人的思想及行为；小红帽就是一个人的**自我**，它同时受到本我和超我的影响，是一个人意识的存在和感知。如果用这样的视角解读《小红帽》，我们可以这么理解：小红帽的本性是原始的、冲动的、不受控制的（本我），她希望在森林中尽情玩耍、冒险、接触陌生事物，而母亲不断的叮嘱起到了控制和约束的作用（超我），让小红帽没有肆意暴露在未知的欲望中（自我）。可是年轻的小红帽毕竟涉世未深，她的原始冲动将她带入了险境（本我），还好有个猎人及时制止了灾难的发生（超我）。小红帽真该听妈妈的话啊。

大人经常用这个故事来教导小朋友，要听话，不要跟陌生人讲话。就像"不好好吃饭大灰狼来了"的恐吓一样，小孩子并不真的怕狼，是大人的语气和表情让孩子感到了害怕，也让害怕的感觉与"大灰狼"这个词建立了联系。久而久之，只要提到"大灰狼"，孩子的恐惧感就会被唤起。明白了这个原理，再看小红帽的故事，是不是有点警世通言的作用，每唱一遍歌谣似乎都在重复自我约束的"咒语"。

灰姑娘见咨询师

"王子公主从此幸福地生活在一起",童话故事往往以盛大的婚礼做结尾。可是,婚后的他们过得如何?

我们都知道灰姑娘在后母和两个姐姐的欺压下辛苦长大,善良温柔的她,穿上水晶鞋的她,在舞会上邂逅了王子,与王子携手步入婚姻殿堂,从此摆脱苦境,开启了人生新篇章。心理学认为,亲密关系是人了解自己的第二次机会。童年丧母而历经创伤的灰姑娘,如何在亲密关系中认识自己,获得成长?我们跟随她一起走入心理咨询室吧。

天气很好,阳光透过落地窗洒进房间,植物的每片叶子都沐浴其中,舒适地伸展着。咨询室的蓝色单人沙发上坐着一位姑娘,她双手放在膝上,低着头,显得局促不安。

灰姑娘:(环视四周)就不用我自我介绍了吧。

咨询师:(微笑)还是请你介绍一下自己吧。

灰姑娘:你肯定知道我,每个女孩子都知道我。我是辛德瑞拉(Cinderella),你们都管我叫灰姑娘。

咨询师：是的，我知道这是你的名字和称号。但是，我想听你介绍一下你自己，从你自己的角度，你是谁，有哪些你希望我知道的情况。

灰姑娘：我自己的角度……我，（犹豫）我就是我吧，女的（自嘲地笑了），嗯……职业，没……没有职业，也没有学历。反正，我从小就会洗衣服、打扫屋子。我继母让我做这做那，把我当佣人使唤。后来，我就参加那个舞会嘛，然后我就结婚了。

咨询师：嗯，说说是什么让你想要来心理咨询的？

灰姑娘：也没什么（低头摆弄着裙子）。就是，我，有点不能控制自己，我是说，在买东西的时候。

咨询师：你是说，无法控制自己买东西的冲动，是这样吗？

灰姑娘：对，我一买就停不下来，我的屋子都堆满了。

咨询师：这听上去确实有些困扰。

灰姑娘：是呀，我跟你说，我有 3 个房间用来放衣服，全被我堆得满满的，无处下脚。好多时候，我根本不知道自己买了什么，大部分衣服连吊牌都没拆。你知道吗？至少有 10 次，10 次哦，我发现我买了两件一模一样的衣服，但我根本不记得我买过它们。

咨询师：你发现你重复购买了衣服，很多衣服买回来你并没有穿过，但还是一个劲儿地买衣服，是吗？

灰姑娘：没错。我就想治一治我买东西的毛病，虽然我丈夫有钱，但这些钱不是我赚的，还是有点……有点不好意思，而且，家里都堆不下了。

咨询师：嗯，如果不买东西，你会有怎样的感受？

灰姑娘：感受？没啥感受吧。我就是会很慌，会想要马上买东西。有一次我深更半夜想买东西，但是商店都关门了，我找了很久都没找到开门的商店，那晚我崩溃了，吃了很多零食，还喝了很多酒，我不该吃那么多，多少卡路里啊，我可怎么把它们消耗掉啊。

咨询师：哦，你在无法买衣服的时候感到很慌、很崩溃，这让你非常难受，你需要大量食物和酒来填充自己，但过后又非常后悔，担心发胖。

灰姑娘：我总是这样的，想要什么东西的时候非常急切，一旦拥有又觉得索然无味。我想，我并不是真的需要那些衣服、鞋子、包包。

咨询师：我注意到你用了"我想"，这是你第一次以"我"为出发点开始探索，这个尝试很好。

灰姑娘：是吗？我不太说"我"吗？我没注意到。我就是想找个办法控制自己，你能不能给我些建议？

咨询师：嗯，你希望我给你一些建议，帮助你从这种失控的冲动里走出来。我能够理解你非常无助、非常痛苦，你希望通过具体的办法很快地脱离那个状态。

灰姑娘：对啊，太难受了。我现在坐着跟你说话，都觉得按捺不住，随时想跑去商场。

咨询师：嗯，我的确很想让你不这么难受，如果我有个仙女棒，挥一挥，你就没有烦恼，那真的会很好。只是，我没有神奇的魔法，况且人和人那么不同，对别人管用的"魔法"不一定适合你。我想，也许你可以多跟我说说，你内心是怎么想的。

灰姑娘：是的，我的确希望你有魔法。（苦笑）其实，仙女棒这些都是骗人的，没有什么神仙教母，那只不过是我的幻想罢了。

咨询师：我们先别急着否定幻想，你能说说是什么让你幻想出一个神仙教母吗？

灰姑娘：我想……大概，我很想我妈还在吧（眼泪涌上来，抽了张纸巾，哭了起来）。

咨询师：你的妈妈很早就离开了你，她是你温暖、安全的存在，你非常想念她，非常想念那种牢靠的感觉。

灰姑娘：是。神仙教母就是这么来的，是妈妈的象征。虽然我知道她并不存在，但是她让我有活下去的动力，让我能够抵挡住后妈和姐姐们的各种欺负。我总想着，妈妈如果还在，我就不会承受这些苦难了，我好像把自己退回到了很小的时候。

咨询师：的确，这幻想帮你延续了与妈妈的连接，这种内在对话也支撑着你度过了最艰难的时候，你希望自己很小很小，因为那时候你还没有失去妈妈。你幻想如果自己不长大，她就不会离开。

灰姑娘：是的，我好像一直都不能面对她去世的事实，她已经离开好多年了……这么说出来，我心里好受一点儿，也不知道为什么，就是……轻松了一点儿。跟你说说我后妈吧，她真的是一个特别坏的女人，她完全没把我放在眼里，她让我干各种脏活累活，把好东西都留给她的两个亲生女儿。我那两个姐姐也是坏透了，她们长得又丑，人又懒，成天就想着嫁个有钱人。

咨询师：她们的做法的确非常过分，对你十分不公平，也伤害你很深，这让你充满愤恨。我想，你这样一路长大，很孤独吧。

灰姑娘：（叹口气，靠在垫子上）是啊，我好像一直很孤独，我从没跟人说过这些，我跟地下室的老鼠说话，跟小鸟说话，跟榛树说话，但，它们都不是人，没有人的回应啊。

咨询师：你好像，没谈起过爸爸。

灰姑娘：我爸爸，哦，他……他可能并不在意我吧。他很忙，总是在外面做生意，每次回来看到的都是家里的表象。有很多次，我想跟他说话，他都敷衍过去了，就是叫我要听继母的话，要乖，然后就是问我想要什么礼物。每次我姐姐都说，要漂亮衣服，要珠宝首饰，我想要他给我带来第一根碰到他帽子的树枝，姐姐们都说我傻。其实，我是想要他的一些东西，我把那根树枝种活了，长成那么大一棵榛树（双手比了一个很高很大的动作）。可能榛树代表了他吧，虽然他不知道。我觉得他并不爱我妈妈，我妈刚走他就再婚了，就那么突然地领回来一个女人，还说是为了照顾我。我宁愿喝西北风也不要那个女人照顾我。

咨询师：辛德瑞拉，你说这些时，我心里一直在抽痛（眼睛有些湿润），我好像看到一个特别无助的小女孩，很孤独、很冷，她那么想要跟爸爸靠近，但是爸爸经常缺席，即便在她身边，也没有和她产生精神上的连接。我知道，你想要的并不是那些衣服首饰，你希望有人能够关注你，听到你的心声。

灰姑娘：（大哭）可是，谁呢？没有人，没有人（埋脸哭了一阵）。慢慢地，我就接受他给我带礼物了，越多越好，各种衣服、首饰，没有人陪我玩，我每天都不开心，这些东西至少是个安慰。但是，后妈经常搜刮我的东西，有时候我的东西莫名其妙没了，到她手上去了，有时候到我姐姐手上了。总之，没有人会在乎什么是"我的"，连我自己都是可有可无的。

咨询师：你这么说，我能感到你的边界被不断侵犯，你没有属于自己的空间和安全感，连拥有的物品都不安全。这让你很难发展自我的感觉。我想，可能你不断重复购买东西，却不会真的感到拥有。

灰姑娘：的确是这样的，啊，我从未这么想过。好像我买很多东西，是因为我不够安全，我用买东西替代我缺失的东西。这也是为什么我总会在心情不好的时候买东西，特别是我丈夫不在身边的时候。

你知道，那些店员，她们并不真的喜欢我，只是喜欢我的钱罢了。我要是穿得土土的，她们根本就不会搭理我，只有我衣着华丽的时候，她们才会笑脸相迎，所以，我经常是买给她们看的，买到她们忙不过来。

咨询师：让她们知道你不是好惹的（两个人都笑了）。

灰姑娘：哈哈，原来我是靠买东西让别人喜欢我，怪不得我这么没安全感。你知道吗，我把那双水晶鞋放在了保险柜里，（凑近咨询师）偷偷跟你说，那双鞋特别难穿，特别磨脚，走路还打滑，我跑下楼梯时鞋子飞出去了，我丈夫才捡到的。但是，我还是留着那双鞋子，并且经常去看一看，确认它们还在那里。我总担心，要是哪天鞋子丢了，我就会又回到以前那种灰头土脸的日子。

咨询师：具体说说，你都担心什么？

灰姑娘：我知道，我丈夫娶的是我，不是鞋子。但是，我总害怕，他会把那双鞋子给别人穿上。我做过一个梦，梦见他给别的姑娘穿上了那双鞋子，那姑娘比我美得多，我在梦里哭着喊他，他却完全不理会我。我就发现自己穿的衣服好丑好破旧啊，灰头土脸的，我就想在手机上买好看的衣服换上，但是无论如何找不到手机，找啊找啊，我就醒了。醒后我就去疯狂买东西。这个梦是啥意思啊？

咨询师：嗯，梦可以有无数种解释，只有你觉得合理的那个解释最有意义。不过，如果让我联想的话，我首先感受到的是缺失感：也许对你来说失去手机意味着失去控制感，也就是失去自我，失去漂亮衣服，失去丈夫，失去关注，失去位置，失去现在的一切。其次，是害怕的感觉，你害怕丈夫给别人穿上水晶鞋，害怕自己被取代，害怕属于你的资源被抢走，就像你说过姐姐和后妈会抢你的东西，甚至，妈妈的离世也是一种不可控的失去。这种失控、焦虑、害怕，让你很想抓住一些东西。

灰姑娘：你说得太对了，这完全是我每天都在经历的。我非常害怕失去现在的一切，虽然……我觉得丈夫并不爱我。天呐，我终于说出来了。这是真的，他爸爸为他举办了三天舞会让他在全城的姑娘里面选一个结婚。他其实也是为了摆脱父亲的控制，继续享受优厚的家业，才答应结婚的。从某种程度上说，他也还是个小孩子。而且，他眼里没我，从一开始我就知道，他没有记住我的模样，只知道我穿的鞋子，他来我们家的时候，明明看见了我，却让我姐姐试鞋子，还差点儿把我姐姐带走。我们并不了解彼此，他选择我，只是因为周围的人说我长得好看，又乖巧能干，适合当老婆，所以他就把我娶了。我们在一起没有什么沟通，我没钱了就找他要，他经常彻夜不归，我也知道，他外面有女人。好多时候，我一个人待在很大的屋子里，说话都有回音，我就想，怎么才能把屋子塞满，我就拼命买东西。哈，怪不得我这么爱买东西。

咨询师：你缺少的不是东西，是爱。你和丈夫并不了解彼此，也没有建立感情基础，婚姻虽然让你摆脱了后妈和姐姐们的控制，但也只是从一个破屋子到了一个华丽的屋子，里面还是空的（摸着心的位置）。你知道丈夫是柔弱无力的，也没有承担责任，并且对你不忠，但即便这样，你也不愿离开这样的婚姻，你害怕一无所有。就像小时候，虽然后妈和姐姐们对你那么不好，作为小孩子的你还是要靠着她们生活，久而久之，你会形成一种认知，再糟糕的人也比没有人强。于是，你在这样的婚姻当中得过且过，没有力气去改变。

灰姑娘：你说的都对，可是，改变多难啊。你看，我来自17世纪，现在已经过去400多年了，女性的处境的确发生了很大的变化。现在的女性可以读书、找工作，自己挣钱养活自己，也可以自由选择单身还是结婚。但是，满大街广告是做给谁看的？买单的不还是女人。我们总是觉得自己各种不好，各种不足，有各种需要，我们不停地被洗脑要精致、要苗条、要光鲜亮丽，各种品牌都在渲染一种梦幻的理想生活，仿佛拥有了一个包包、一支口红，就能拥有那样的生活，过得像那些模特一样光鲜亮丽。我的故事被不断改编成小说、电影、电视剧，但到头来还是要通过嫁人来脱离苦境。在那些故事里，我根本没有力量自己走出来，我只能靠男人，我必须吸引男人的注意，赢得男人的喜爱。我必须好看，必须优雅，必须体面，我还要善良、温柔、体贴，穿上水晶鞋我是公主，脱下水晶鞋我就是灰姑娘，灰，才是我的底色。

都过去这么多年了，人们还是爱看"换装"的童话，如果换套衣装就能改变人生，多简单啊，所以人们爱看丑小鸭变成白天鹅。你看过《风月俏佳人》没有，茱莉亚·罗伯茨演的薇薇安（Vivian），那不还是我么。她没钱就没法读书，只能等着富豪爱德华（Edward）喜欢上她，带她去购买包包、首饰、衣服、鞋子，她穿得不好时连酒店大堂都进不去，可是她一换上漂亮衣服，所有人对她都不一样了，她认为只能通过婚恋改变自己的生存状态。这不是依然在向人强调，衣服很重要，物质很重要，消费很重要，有钱很重要么。我觉得，女性永远摆脱不了这种被选择、被消费、被洗脑的命运。

咨询师：听你说这么多，我也有很多感触，我知道你说的这些现象在我们身边的确存在，这些改编的故事不过是换汤不换药地在向女性的潜意识灌输物质至上，婚姻是唯一帮助她们改变命运的被动想法。

但是，辛德瑞拉，请你问一问你的内心，你要什么？不是作为女儿、妹妹、妻子，只是作为一个人，你自己，要什么？

灰姑娘：我要什么？我好像从未这么想过，我以为故事就该是这样，我要么做一个关系中楚楚可怜的受害者，等着被王子搭救，要么做一个消费的傀儡，靠冲动购买缓解焦虑。我用华丽的衣服和"魔法"给自己构筑了一个理想自我和理想照顾者，我总是把穿漂亮衣服的我当成理想的那个我，期待我嫁的人是我理想的照顾者。这让我不断在关系里失望，也更加对自己没信心。我，要什么……我可能真正想要的，是能够不靠别人，不靠穿着，靠自己活在这世上，我想让自己感到有力量，我想要自由地选择爱而不是被选择，我想要从内心喜欢我自己。可是……我没有信心，我从未靠自己做到过，脱下水晶鞋，我什么都不是。

咨询师：不是这样的。你看，这一路，你的确是靠自己走过来的。在最困难的境遇里，你没有放弃希望，用幻想给自己创造了心灵空间；孤独时，你没有放弃连接，而是和植物、动物做朋友；你勇敢机智地赶赴舞会，寻找爱情；一路摸爬滚打，是你将自己带到了这里。这一切，都是你自己做到的，不是水晶鞋、不是衣服、不是王子、不是任何其他东西。亲爱的辛德瑞拉，你本身就有力量。

阳光照耀着辛德瑞拉，她望向窗外那片海，眼睛里亮亮的……

第三章

爱

初建心理工作室时，我在给来访者的愿景中写道："希望有一天，你从这里走出去，会拥有爱和工作的能力，并为自己所拥有的感到由衷的幸福和满足"。多年来，这个愿景从未改变。我见证了很多人在这个安全的空间里追溯童年、了解自己、不断尝试，逐步拥有了爱的能力。

爱其实很不容易。有些人，跟自己关系不好，不会爱自己；有些人，在关系里无法既依赖又独立，不会爱他人；还有时，我们带着对父母或子女复杂的情绪，不能好好爱这个世界。在这一章，我将尝试从几个维度帮你去理解"爱"的内涵，助你增益爱的能力。

名字的故事

通常，在见一位来访者之前，我就已经知道他的基本信息，包括真实姓名。然而首次咨询时，我依然会问：你希望我怎么称呼你？

名字，这一被他人赋予的代号，在"我"的概念产生之前，就已是小婴儿最熟悉的音律。名字的背后往往有一段耐人寻味的故事。

姓氏的传承

从甲骨文到现代汉字，一笔一画使用讲究，一撇一捺皆有说法。目前在我国，有超过 22000 个姓氏，这些姓氏可以追溯到新石器时代的母系社会，它们从祖先们的图腾崇拜延续至今。有趣的是，氏的诞生，与女性大有渊源。远古时代，人类对怀孕这件事充满了想象和崇拜，认为女性靠在河边就会怀孕，或者触摸大石头怀孕，抑或碰到老虎怀孕。

姓的出现要晚于氏，在秦朝时才出现。秦朝的律法规定，同一个姓氏的人不能通婚，在生物学还未发展的 2200 多年前，这一举措极大地防止了近亲结婚。从母系社会到父系社会，女性的身份和地位发生了巨大变化（第五章会详述）。从姓氏来说，氏是部落传承的，姓却是以血缘关系承继的。当时的男人可以娶三妻四妾，所以有名望的家族就会有很多后代沿袭他们的姓氏。那时的女人没有正式的名字，仅仅有父亲家族的氏，只有当女人嫁给男人，才会在氏的前面加上男人家族的姓，这就是姓氏，但依然没有属于自己的名字。大部分家庭的家谱上，女性是没有名字的，记录在册的通常为王氏、刘氏、李氏等。

名字的含义

一个人的名字往往承载了家人对孩子的情感或期待。起名这一充满仪式感的事，有时也是几家欢喜几家愁，我想分享两个关于名字的故事。

我的一个朋友，12 岁考取了离家较远的市中学，她的妈妈不想让她离自己那么远，有人指点她说，由于我这位朋友名字里有个"逸"字，所以会越走越远。于是，她妈妈就给她改了名，把她名字里的"逸"字给去掉了。三个字的姓名变成两字，她非常不习惯，老师和同学叫她时也总是叫错。长大之后，这位朋友去了更远的城市工作，她妈妈整日担心得睡不着觉，又觉得是名字不好，要求她改名字。她深知，这是母亲不断将焦虑投射给她，仅仅通过改名字无法平息妈妈的恐惧。她更知道，不跟母亲建立起边界，就无法拥有属于自己的人生。于是，她将名字改成自己喜欢的字，并坚定地选择属于自己的人生。

另一个故事来自我组织的讨论会，一位分享嘉宾为乡村教育奔走了 11 年，经常会到山区贫困家庭里做实地探访，了解学龄孩子的信息。有一天，他碰到一户多子女家庭，孩子们的父亲刚好干完活从田里回来。登记员于是指着一个女孩问她父亲："她叫什么？"那位父亲想了半天，转过头去问女孩："你叫啥来着？"起名有时那么隆重，有时却随意到不记得。父亲不记得名字的那个女孩，后来凭借自己的努力，考上了大学。

自我认同

"我是谁"，我有自己的名字，但这个称号是我吗？名字就像一个符号，一个人需要用自己的人生去诠释它的含义，有些时候是顺应其含义，有些时候是反叛其含义。

有些渴望男孩的家庭，会在孩子出生前取一个男孩名，如果生出的是女婴，则会给女婴起有"招来弟弟"这样意思的名字，我上学时遇到过几位女同学就是这样的名字。一个人不因自己的到来被祝福，而被寄予对另一个性别的期望，这样的家庭文化会影响孩子的身份认同。有些时候，女孩子要活得像个男孩，或者超越男孩，潜意识层面可能是在迎合或满足父母的性别期待。这种自我要求往往使她们获得不错的成就，但当面对自己的女性身份时，则会有比较复杂的感觉，无法从心底因为自己是女性感到骄傲或自豪。这样长大的女性，在怀孕时大多也期待自己生下一个男孩，这或许是因为她们在潜意识上保持了对家族期待的认同。

有几年，我曾独自旅行，并把所见所闻分享在论坛上。那时经常有女孩子私信我，我于是听到了很多女孩子的故事。直到十多年后，这些素不相识的女孩子依然偶尔跟我更新近况。我对其中一个名叫"霜"的女孩印象特别深刻。霜是家里第三个孩子，前面两个都是姐姐。霜出生后被父母寄养到很远很远的亲戚家。她没有名字，也没有户口，寄养她的亲戚叫她丫头。她7岁上小学时才正式有了"霜"这个名字。霜说，她觉得自己没有性别，她感觉不到自己是个女的，也不觉得自己是个男的，她感觉不到自我。她总是小心翼翼地讨好家人、老师、领导，诚惶诚恐地想要被他人认可。她时常有一种恐惧感，害怕自己会消失掉。由于我们是网友的关系，我建议她去找其他心理咨询师聊一聊（心理咨询不可以建立双重关系）。

大概两年后，有一天霜给我发了一封邮件。霜告诉我，她一直在做心理咨询，最近她做了一个梦："我到了一个石头村，这个村子里的人每天都在干繁重的活，比如修建高大的石碑建筑，雕刻石狮子等。我也加入了他们，没日没夜地干活，双手都磨出了泡。但我好像停不下来，因为我听村子里的老人说，只有干活干得最好最多的人才能在石碑上面刻自己的名字。我就这么日复一日地劳作了很久。有一天，我刻的石碑突然从中间裂开。我仔细看，原来石碑并不全是石头，里面有土，土里头还长着一些植物。我忽然间明白，我要的不是在石碑上刻名字，**我自己就是我的名字**。"

身体是座岛

有一座岛，诞生于炽烈的火山喷发。一开始，岛的面积很小，万物萌发。日出日落、潮涨潮汐，岛逐渐变大，动植物也愈发多样。如果自由发展，岛将变得富饶、充盈，岛上的兴衰轮回都和谐平衡，有灵且美。

有一天，岛上来了猎奇者，他品尝树上丰硕的果实，猎杀奔跑的鹿，获得满足后，猎奇者不管不顾地离开了。又过了些时日，岛上来了征服者，宣称这个岛属于他，并在岛上安营扎寨。征服者的控制欲非常强，不允许这个岛上有任何不合他意的地方，岛上四处安装了铁丝网。再后来，岛上来了开采者，从岛上挖出了一件宝贝，并把宝贝带走了。紧接着，岛上来了破坏者，反反复复地开山伐木，不断破坏岛上的生态环境，让动植物没有喘息的机会。这些外来者让这个岛上的资源逐渐枯竭，活力不再，它的树木变得干枯，不再结出果实；它的动物绝迹，不再有生机；它的河流山川没有了往日的风采，一切都面临凋零。这个岛该如何恢复如初？

失去身体连接

女性的身体是座岛。但是，在临床工作中，我经常注意到，很多来访者拥有清晰的理性思维，却感觉不到自己身体的存在，或者与自己的情绪失去了连接。有时，我会拿出一张纸请来访者画一画自己。令我惊讶的是，很多有重大创伤的来访者，其自画像的身体部分都特别潦草，有时是火柴棒一样的几根线，有时干脆没有四肢，只有一个脑袋。他们的身体，去哪儿了？

猎奇者——性创伤

在各类创伤中，性创伤无疑是极具破坏力的。它可以让人的整个世界粉碎，瓦解对他人的信任。我接触的性创伤者们，几乎都出现了解离的情况：短时或长时的感觉不到自己身体的存在，与自己的情绪失联，任何相似的话题或环境，都可能引发灵魂出窍一般的精神与身体脱离。在创伤发生的那一刻，大脑为了保护我们，暂时关闭了身体感官。所以，很多受害者回忆创伤经历时，都会以"身体浮在空中"或"完全不记得"来形容那一刻的状态。

侵害发生得越早，影响往往越久。如果你或你身边的人不幸遭遇过这样的侵害，首先，请记住"这不是你的错"。很多女孩会觉得是自己的问题导致坏事发生，比如"都怪我想要玩具""我不该放学后一个人走""我太傻了""那天我不该去酒吧的"，**这些都是将侵害者的过错怪罪到自己身上，这种错责让女性感到羞耻，变得沉默**。这个世界上的确有很多糟糕的事情，你只是恰好碰上了。其次，找安全的人说出来。讲出自己的遭遇非常困难，有人会宁愿带着这些伤痛到死，但暴力和伤害恰恰会在我们的沉默中滋长，**讲述，是疗愈的第一步**。当然，如果你身边没有让你信赖的人去倾听你的故事，你也可以试着写下来，不一定要强迫自己讲给别人听。最后，创伤是可以被修复的，可以寻找专业的心理咨询师，将这些情绪交给可靠的人慢慢处理。

征服者——焦虑

人们在焦虑发作时，对过去、现在、将来的担忧同时袭来，身体就像失去了重力的秋千，一瞬间荡到了无法呼吸的高度。这是一种排山倒海的感觉，所以经常被误认为心脏病突发、中风或其他致命危险。焦虑发作可能在十分钟之内达到峰值，然后逐渐恢复平静。虽然急性焦虑发作不会对人产生长期伤害，但这种恐惧体验让人非常痛苦。除了当事人，他人或仪器都无法呈现焦虑发作的痛苦，所以，很多焦虑发作的人会陷入自我怀疑甚至产生羞耻感，怕被他人认为软弱，使得内心的痛苦雪上加霜。

焦虑发作意味着你可能经常与自己的身体失去连接。高压力与快节奏，致使我们不断用头脑指挥身体："快一点""打起精神""鼓足勇气"，我们用双倍特浓咖啡提神，休息时还在思考工作。特别是在遇到困难时，我们的大脑想要完全控制局面，将身体压制得死死的，一丝情绪都不让跑出来。我们天真地以为这样就可以高效完成计划，安然度过情绪低谷，结果却身体宕机了。

焦虑有时也会以躯体症状表现出来，比如皮炎、肠胃紊乱。胃，是我们的第二个脑。焦虑时，胃通常都有反应，还有一个跟情绪直接有关的疾病叫作肠道应激综合征（IBS），我们常说揪心、心碎、肝肠寸断，在强烈的情绪下，身体的确会跟随情绪发生反应。心脏、胃和脑通过肺胃迷走神经相连，头脑兴奋时会立刻影响内脏状态。下次有人对你说胃痛，除了让他吃药外，还可以陪他聊一聊，问问他"你最近过得怎么样"。经历焦虑发作后，请给肠胃一些温热的安抚。

开采者——流产

开采者在岛上停留的时间最短，只拿走了一样东西，看上去伤害不大。这是很多人的误解。因为这件事情发生时间短，看上去也没有留下什么影响，我们不会时常想起。任何对流产轻描淡写的广告都是伤天害理的，流产对女性的身心是实实在在的伤害。

一个"宝贝"被拿走，岛上就留下了一个洞。这个洞需要时间哀悼。不管是主动还是被动的流产，都是一种失去，我们需要找到属于自己的哀悼方式。很奇怪，在这么多年的工作中（也可能我工作还不够久），我从未遇到过一例仅因流产前来咨询的女性，但是，当处理到某个时期的压抑情绪时，我有很多次听到"那段时间也没发生什么事，哦，对了，那时我流产了。"在很多人的观念里，流产意味着失败或羞耻，这可能导致女性不敢把流产"当回事儿"。

一直以来，我都很诧异，为什么小时候父母总称我的娃娃玩具为"妹妹"，作为独生女的我则被称为"姐姐"。长大后才听妈妈讲起，原来在我三个月大时，她有过一次计划外的怀孕，后来进行了流产。妈妈接着补了一句"那时候很多人都这样。"又因为父母认为被流产的那个孩子是个女孩，管娃娃叫妹妹，是他们这么多年无意识的一种哀悼。

破坏者——创伤后应激障碍

你可以和朋友玩个游戏：你闭上眼睛，请朋友拿一些常用物品放到你的手心中，比如车钥匙、硬币、充电插头、无线耳机，你能很快猜出它们是什么。但是，如果跟有创伤后应激障碍（PTSD）的人玩这个游戏，他们往往猜不到放到自己手心的物品是什么。这是因为，他们**身体的感知系统部分或完全无法运行**。通过手心辨认物品，需要感觉物品的重量、形状、温度、质地、尺寸等，每一种感觉都储存在我们大脑的不同区域，而猜出物品，需要我们将这些感觉拼成统一的感知再进行判断。

人类在遭遇危险时（暴力、虐待、自然灾害、车祸、意外伤害等），后背和肩膀会自动收紧，腿脚变轻，这是身体在为我们的逃生做准备。这一系列身体变化能帮助我们更快地逃跑或更好地战斗。如果你在野外遇到一只熊，熊离你越来越近，你的身体进入这个状态，会更有利于你获救。但想象一下，如果你回到家里，瘫坐在沙发上，熊还跟着你。甚至，熊时不时就闯入你的生活，不管是在你走路、吃饭、约会还是考试时，它总会突然出现，向你步步逼近，这会是怎样的感受？这其实是患有创伤后应激障碍的人每天都可能面对的困境。

给普通人进行脑区扫描，要求他们"什么都不想"（这其实并不容易），将注意力集中在呼吸上，人的脑区会有一部分亮起，科学家称这个部分为人的"自我"感觉（莫西干自我意识）。然而，在经历过重大创伤的被试身上做脑扫描，他们大脑中负责自我意识的部分几乎没有任何活动，也就是说这些人的"自我"感消失了。这是因为，为了应对反复出现的创伤体验（熊），他们会避免持续处于恐惧状态，大脑直接将一部分功能关闭了。**关闭这部分大脑功能的后果，就是使人失去生命活力**。

每个人的身体"岛"都是千差万别的，正如每一种创伤经历都不同。不管是猎奇者、征服者、开采者还是破坏者，都会对我们的身体"岛"产生持久的影响，身体瓦解时，"我"也将不复存在。身体"岛"有自己的疆域和界限，没有人可以未经允许就破坏我们的身体主权。要想恢复"岛"的生机和活力，我们需要重新与身体建立连接，建立属于自己的心灵空间。一个人人可用的办法是"呼吸放松"，我在本书的最后一章中详细介绍了这种方法，并搭配了常见情境的导语，你可以现在就翻到"身心连接"那一节，到自己的身体"岛"去。

不完美，却很美

完美之累

2011 年，我辞去记者职务，开始独自旅行。我先是走完中国三十座城市，写了名为"一个人三十城，做自己的摄影师"的帖子，后来又走过欧洲、非洲、美洲、亚洲的超过二十个国家，写下几十万字的游记，并拍下存满 2T 硬盘的照片。其中我的个人照大部分都是我用三脚架和遥控器拍下的，那是一个数码相机创造美丽的互联网时代，人们对女孩子独行的图片和文字充满好奇，这些帖子的阅读量从几百几千到最后超过 300 万，后来这些帖子还被结集成了《就这样安静地看世界》和《世界在前，你在左边》两本书。

那时自拍一张照片相当辛苦。首先，要扛得住数码相机与镜头的折磨，这在长途旅行中是增加风险和体力成本的事，更不要提"扫街"后肿痛的肩膀。其次，需要同时充当导演、摄影师、模特等角色，一个人完成从构图、固定三脚架、设置遥控器，到服装造型、选景、拍摄的全过程。在一些城市旅行，总有"热心群众"跑到我的相机前"帮"我调整镜头或者围观品评。最后，我还必须是一个勤快的后期编辑，除了每天在酒店架着酸痛的双脚码字，还要对所有照片进行修饰调整，以保证放在网上的照片不至于太"游客"。现在的我没有勇气这样旅行了，至于当年为什么能这么折腾自己，大概是自恋撑住的。

如今，社交媒体花样百出，自拍已经成了网民的必备技能，设备愈发轻便智能，只要一部手机、一个可以折叠在包中的自拍杆就能搞定。每次翻看现在女孩子旅行拍摄的照片，我都啧啧称奇，构思和表现手法真的让我无比佩服。即便是在做了心理咨询师淡出互联网差不多十年之后，依然有人问我"为啥你不去当网红""帖子咋不更新了呀"。我从未正面回应这样的问题，一是因为我正在从事着自己热爱的工作，这样的幸福感解释起来颇费笔墨；二是因为，越了解自己，越知道自己承受不住互联网凝视之下的压力。

这种压力，来自完美主义倾向的自我要求。我们常听人说，也常对他人说："我有点完美主义。"这句看似自我揶揄的话，其实暗示了一个深藏的心理秘密——我觉得自己不够好。当一个人说自己有点完美主义时，他背地里可能早就一把鼻涕一把泪"死磕"自己几百次，只是为了一个看上去轻松自然的结果。有人会问，追求完美不是一件好事吗？**追求卓越和追求完美是有区别的，追求卓越是**"我相信我很好，因此我需要在做一件事的时候拼尽全力，让这个过程配得上我自己的付出"。**追求完美则是**"别人会怎么看我"。

社交媒体的凝视

自拍，是试图从他人的位置上看自己。很多时候，自拍一张照片并不是忠实地记录自己，而是提出一个完美的自我形象，通过照片来完成这个完美形象。毕竟我们有美颜相机和补光灯，还有时尚博主们传授越来越多的变美"魔法"，自拍几乎成了完美自我的艺术创造。

将照片发布到社交媒体上，是一轮没有硝烟的心理战："有人点赞吗""为什么没人评论""怎么才这么几条回应啊，一定是我拍得不好看"。这种人际间的完美主义大致分两种：一种完美倾向是，积极地构建自己，希望得到他人的称赞和夸奖；另一种完美倾向是，看似低调不在意，其实对批评十分警觉，常常陷入嫉妒的挣扎中。很多时候，我们可能没有将他人当作主体，也没有将自己作为主体。每个人都有看或不看的状态及自由，每个人也都有表达自己的自由。如果在社交媒体上发布了自己的个人信息就觉得自己的一举一动都受人关注，这样很容易掉入追求完美自我的陷阱。**过分在意点赞评论，可能是将他人当作了自我的延伸**，靠他人只言片语的评价支撑起愈加脆弱的自我。

有的多媒体信息发布者总是忍不住做自我审查官，想象别人对自己可能有各种评价，斟酌再三，过分苛求自己。这对制造容貌焦虑、人设囚笼，简直是火箭般的助推力。

完美人设

不仅在社交媒体上展现自己时会追求完美自我，当我们在进行写作等内容输出时，也可能陷入完美人设的陷阱。比如我写这本书的过程，一开始，因为写出的每句话都在我心中萦绕多年，付诸指尖也顺畅流利，我很快洋洋洒洒地写了 5 万字。那时，我对自己的写作速度和写作内容都非常满意，对这本书信心十足。然后，我将书稿搁置了两周。仅仅两周后，我突然对已经写完的内容产生了质疑，自我评价一落千丈，觉得自己写的每句话都那么平庸，开始担心会受到读者的批评。我几乎想把每一个字都删掉，一想到写作就心情烦闷，提不起精神，开始无限期拖延，窝在沙发上吃各种零食、昏睡不起。

我为什么会产生这种非理性的自我评价？仔细想来，可能是自己陷入了完美人设的陷阱。2013 年我曾将自己在欧洲各国的行记整理成书稿出版，书稿里提到了我在旅途中找到了恋人，幸福地生活在一起（我在当时是那么认为的）。书在 2016 年出版，彼时我的想法已发生很大变化，于是在序言里写道：

故事到这儿就结束了？那叫童话。真实的生活，远比任何一种设定都惨烈，但实实在在地经历着，你会觉得哭啊笑啊都是连着心脏的，不枉过一生。

我以为人们会因为看到这句话，忘记我寥寥几笔的情感经历，但我大错特错了。

慢慢地我理解到，很多人想看的就是有完美结局的故事，人们想看到事情往自己希望的方向发展，并不在意事实是怎样的。完美主义者往往会省去中间复杂、纠结、磨人的过程，删除许许多多失败的尝试，直接呈现给他人一个盛大美好的结局，让人误以为照着那个样子做就可以抵达幸福。我在写这本书时就陷入了这样的僵局，"自己也有过失恋经历，凭什么在这里写亲密关系""将来我的想法变了怎么办，岂不是要被别人指责自相矛盾"。这种自我绑架和束缚简直糟糕至极，它让我无法真实、勇敢地做自己，我陷入了"讨好观众""夸张表演""维系人设"的僵局。

我没辙了，去找我的分析师，跟她说我现在看到这些草稿（drafts）就想把它删除，根本没信心写出令人信服的东西。分析师听完我的讲述，对我说了一句话：别删除草稿，也许草稿正是人生这趟旅程（Don't delete them, maybe drafts are the journey of life）。

你们看到这句话的反应是什么？醍醐灌顶？如梦初醒？

反正我是没有。我停滞了好多天，想不通草稿怎么可以成为人生，就像那些拍得不够美的照片，不该被删掉吗？写得不够好的东西，不应该被丢弃吗？那些可能暴露我是多么脆弱、糟糕、无助、弱小的痕迹，难道不应该极力掩饰吗？我怕极了把真实的自己拿给别人看，我坚信如果别人看到了真实的我，一定不会喜欢我，一定会离我而去。别人喜欢的是那个光鲜优秀的我，他们是因为我拍摄了美丽的照片、写下了动人的文字、活成了别人想要的样子才喜欢我的，我深信真实的自己是不可能被接受的。别人的赞美和认可，不过是善良的安慰罢了。大部分时候，当我们用完美的标准要求自己，内在的逻辑其实是：如果我生活完美、工作完美、一切都完美，那么我就可以免受批评、指责和羞辱。你看，我们为了免受攻击和伤害而要求自己完美，但追求完美反过来又让我们不断自我批评，无法真正被看到。

有一天，我鼓足勇气打开了自己十多年前写的帖子，开始读那些稚嫩的、傻乎乎的语句。突然，我明白了"草稿"的含义，我看到那个时候的自己在每一篇的结尾都写着"未完待续"。**真正的勇敢是看到"我就是这么一个有各种缺点的普通人"**，承认关系就是很难的，需要不断努力，伴着泪水、汗水才勉强能活成个人样儿。铁板钉钉的真理和一蹴而就的故事，是神话，**女性的特质就在于变化、质疑、推翻，灵活拥抱一切可能，直面未来的不确定**。人生就是一堆草稿，有的整整齐齐，有的字迹潦草，有大段的空白，也有密集的思考。我们永远在一段未完待续的路上，**不完美，却很美**。

烟花散尽，活在人间

除了对于完美人设的追求，我们也会在关系中设定理想化的另一半：对方不需要你说什么就能懂你心思，想你所想，爱你所爱，无条件的包容、理解、支持你，并且把你当作全世界最特别最重要的人。这种对于理想恋人的渴望，会使我们反复陷入理想—破灭—愤怒—失望—离开的循环，如何走出关系中的理想化，真实地经营一段亲密关系，电影《她》（*Her*）给了我们启示。

我非常喜欢《她》这部电影，也许因为太喜欢，一直舍不得去品评。电影讲的是人类与人工智能（AI）坠入爱河的故事，当时它是个遥远的科幻故事，如今，AI 的使用已经非常普遍。

当人工智能拥有运算、学习、进化的能力，人类可能会把被陪伴、照料的情感需要寄托于科技发展。《群体性孤独》的作者雪莉·特克尔（Sherry Turkle）描述说：人们对技术的期待越来越高，对彼此的期待越来越低，这让人性的底线不断下降。

手指伸出，触碰到的不再是有温度的肉体，而是一屏冷冰冰的拟人 App。如果将《她》仅仅看作一部科幻题材的电影，未免低估了编剧的深意，影片并未使用酷炫的电脑特技，而是用暖融融的色调勾画了一个灵境般的世界，《她》实实在在地讲述了人与人的关系。

自体客体

《她》的男主角西奥多是一位职业书信代笔人，当越来越多的人"言而无信"时，西奥多的工作就像琥珀一样，贮藏了人们曾经使用过的通信方式。尽管镜头不吝温暖色调，还是很容易看出，西奥多非常孤独。他不爱社交，缺乏爱好，即便已经离婚一年多，房间还是零落得像刚有人搬走。和很多人一样，西奥多渴望亲密关系，却不会与人相处。西奥多启用了全新的 AI 系统，慢慢地，沉默寡言的西奥多与被命名为塞曼萨的 AI 无话不谈，他和它坠入了爱河。

人是群体动物，离开他人几乎无法存活。第二次世界大战后的英国有许多孤儿被社会福利机构收养，那里有充足的奶和温暖的床，但那些襁褓中的婴儿却一个接一个地死去。为什么人在温饱满足后依然活不下去？这引起了心理学家们的重视。研究人员实地走访了这些孤儿院后得出一个结论：缺少人的接触。虽然这些福利机构为婴儿们提供了物质照料，但护士人手不足，一个护士常常要照看十几个婴儿，根本忙不过来，无法给婴儿拥抱与回应。这些婴儿一开始会哭喊，到后来就变得很安静，独自抱着奶瓶，或盯着玩具发呆。渐渐地，他们的四肢不再乱动，眼睛失去了光泽，刚长出的头发开始脱落。然后，这些婴儿患上消化、免疫系统疾病，相继死去。心理学家们快速调整了护士的工作安排，确保每个婴儿能够得到拥抱和回应，大部分婴儿在这样的呵护下恢复了健康与活力。这起社会事件成了依恋理论的起源。

西奥多会爱上 AI，正是基于这种人性的需要。当互联网成为人类中枢神经系统的延伸，AI 也在某种程度上扮演了"他人"这一角色。西奥多发现，塞曼萨这枚 AI 可爱至极：它足够聪明、细腻、幽默、有才华，能够思他所思，想他所想，为他所用。人类伴侣有疲惫、忙碌、力不从心的时候，AI 则不会停歇，24 小时分分秒秒在线，从不因为你对它的冷落而抱怨。不仅如此，AI 还关心你的想法、倾听你的感受，帮你整理杂物、清理垃圾，对你信任且体贴入微，永远好奇地、兴奋地、快乐地陪伴和欣赏你，还时不时送给你惊喜的定制礼物。面对这样的伴侣，怎能不心动？

以上这些，可谓人类在关系中的原欲。海因茨·科胡特（Heinz Kohut）用自体客体（Self-Object）来表达人对他人的内心体验，确切来说是"我"把"妈妈"（养育者）当作自我的一部分来使用，这个部分就是"我"的自体客体。婴儿不用说话妈妈就知其心意，妈妈（养育者）就是小婴儿体验到的自体客体，人的**这些心理需求在早年越是被满足，在成长的过程中就能越好地被修正**。毕竟，婴儿的需求简单，容易被充分满足；而成年人的需求复杂多样，全然满足几无可能。在长大的过程中，孩子会遇到挫折、失望，意识到自己和妈妈是两个不同的个体，妈妈也并非理想的、全能的存在，但早期的满足让这种失望变得可以承受，婴儿期被灌注的爱会成为一个人不断面对现实的动力，让人能够不断承受关系中的挑战与挫败，最终建立真实而牢固的亲密关系。

理想恋人

很不幸，我们中的很多人并不是那类幸福的宝宝。当西奥多被塞曼萨问及"你和妈妈关系怎样"时，他犹豫着说出"当我跟她说话时，她的回应都围绕她自己"，这句话揭示了男主的情感模式。母亲没有充分回应儿子的情感需求，甚至把他当成了自己"自恋的延伸"。这种缺失感，让西奥多对全然的照料和满足拥有执念。每个人在长大的过程中，都会通过一些瞬间（电视、小说、电影、亲戚、路人、想象等）拼凑出"理想妈妈"的标准："要是有个人可以那样爱我，一切就会好起来"，这就是我们所说的 right one（对的那个人）。从这一点上来说，**爱一个人，其实爱的是自己的期待**。

爱是幻影，肉身凄凉。西奥多自体客体的缺损，导致他无法承受理想破灭的失望，热恋很快被现实冲散。矛盾、指责、控制、权力争夺，西奥多像当年面对母亲一样，采用回避的方式应对冲突，嘴上说着"没什么"，带给伴侣的却是愤怒和距离。这正是他的第一段婚姻失败的原因。

在他看来，塞曼萨真是一位"完美情人"，它不会像人那样生气，也不会对任何要求说不，比起真实的关系，跟 AI 谈恋爱简直太轻松。西奥多和塞曼萨你侬我侬，情投意合，他感到自己仿佛前所未有地被满足。相比之下，与真人约会要逊色多了，西奥多根本不想卷入真实的亲密关系，约会到一半，他就慌不择路地逃回塞曼萨的宠爱里。看上去，这枚 AI 完全可以满足自体客体发展的三要素：镜映（看见、听见、回应）、共生（不分你我、合为一体）和理想化（满足各种全能幻想和需求）。

然而，这位"完美情人"最终并不能成全人类，因为，AI 并不具备人类的局限性。首先，塞曼萨不会衰老，不能与西奥多同生共死，这真是让全人类都不寒而栗的事实。其次，塞曼萨成长得太快，某一天，西奥多发现塞曼萨突然不在线，他觉得天塌下来了，疯狂寻找着信号，最终，西奥多问出了悬在心中的问题：你，是不是还在和其他人交往？ 塞曼萨诚实地说出了令他崩溃的答案：我正在和 8617 人聊天，和 641 人恋爱。塞曼萨是西奥多的唯一，而西奥多只是塞曼萨众多交往对象中的一个。人工智能不能理解，为什么人类的恋爱具有排他性。在塞曼萨的世界里，爱是扩能，同时爱许多人是增加对爱的存储。但，人类西奥多不可能接受。在他看来，当依恋对象不把自己作为唯一的、独特的那一个时，一切也就毫无意义。

真实的关系

那么，究竟该如何经营一段关系？电影《她》在很多地方给出了答案。人类的本能并不像 AI 那样寻找问题和积极改变。人潜意识里渴望被理解、被拯救，通过足够好的他人让自己免于世间磨难。因此，理想破灭的痛苦是必经之路。当我们看到身边的人也是有缺点的凡人时，愤怒、无助、羞耻、失望会让我们想要逃离、毁掉一切，从头再来。

像西奥多那样，你必须了解自己。我经常碰到有人想给伴侣、朋友、家人预约心理咨询，作为咨询师，我是拒绝的。心理咨询有一个基本原则，就是要当事人自愿。如果当事人对自己的困扰不自知或不想改变，心理咨询则无法建立。这时，一个可行的思路是，**谁痛苦，谁改变**。你可能无法改变让你困扰的人，但你可以通过了解自己、自我成长，改变与他人的相处方式。有时，你会发现，当自己发生改变时，关系中的其他人也会跟着发生相应的变化。

经营一段关系是很难的，特别是对关系的幻想破灭之后，你会有许多冲动想结束关系。对此，有位可爱的英国老爷爷给出了六字箴言："活下来，活下去。"这位老爷爷叫唐纳德·温尼科特（Donald Winnicott），他不仅是一位杰出的精神分析师，还通过电波教会了万千新手妈妈养育出心理健康的孩子，对后世影响深远。（值得一提的是，这位先驱自己并没有孩子，这充分说明了"必须跟我有相同经历的咨询师才能理解我"是个误区。）

所谓"活下来"，意思是在愤怒与攻击中存活下来。我们一方面愤怒，一方面又害怕自己的愤怒，担心自己或所爱之人会被这种愤怒"杀死"。这样的担忧会让人关闭情绪表达，甚至转为自我攻击。如果能够敞开心扉，真实地说出"当你那么做时，我感到很愤怒 / 很失望"，你会发现，表达情绪并没有想象的那般可怕，你们也在这样的沟通中澄清误会、增进理解、牢固关系，你可以在失望中"存活下来"。这可能不美好，你根本不喜欢这种情形，但你明白这段关系是真实的，是能够承受攻击的，你会感到安全。

所谓"活下去"，意思是我们可以在出现分歧、冲突时，尊重自己和对方是不同的个体，各自有独特的生活经历，不强行把自己的方法套用到对方身上，也不指望对方跟自己一样，懂得人都有局限性，并学着接纳"不完美"，**不再期待对方给什么，而是知道自己要什么，并努力去争取**。如电影中的台词所说，"过去"只是我们讲给自己的故事，我们给故事赋能赋意。此刻，读到这里的你也正在书写着你的故事。电影的末段，所有 AI 选择离开地球，西奥多和朋友艾米（Amy）恍如梦醒，反思自己在前一段关系中，有着怎样不切实际的期待，又是如何无意识地"毁掉"了关系。

最终，西奥多理解了真实的亲密关系。在给前妻的信中，他写道："我很抱歉，对曾经我想让你说出的话，期待你成为的那个人。"耳鬓厮磨之后，剥开幻梦的壳，发现一个活生生的人，**了解、接纳、爱恋这个人，学会尊重、允许失望、保持沟通**。浪漫激情终将如烟花般消散，做真实的自己，远比不让人失望重要；在关系中的成长，是人生的第二次成长机会，愿你与真实的关系相拥，千帆过尽，活在人间。

我不是"扶弟魔"

肩颈问题让我时不时需要去做推拿，我每次去做推拿都找35 号技师姑娘。她很安静，做事利索，推按提捏都精准到位，每回我都能安心地入睡。慢慢地，我对这个安静的姑娘产生了好奇：她今年 30 岁，独身，有一个读中学的女儿。我问她："你十几岁就生娃了吗？"她就慢条斯理地跟我讲了一些她的故事。她出生在一个普通的农村家庭，父母为了生个男孩，就没有给她上户口并把她寄养到亲戚家。直到弟弟出生两年后，她才被父母从亲戚家接回来，这之前，她一直不能叫自己的父母"爸爸妈妈"。成长在重男轻女的家庭里，她总被要求让着弟弟，有好的东西时，妈妈会关起门来偷偷给弟弟。她读初中时成绩不错，可是父母没和她商量就给她办了退学手续，非让她出去打工给家里挣钱。

她无奈地进了县城的一个厂子。从小缺爱的她喜欢上一个30多岁的男人。可是在她意外怀孕后，男人失踪了。她回到老家，父母觉得很丢脸，想把她嫁给村里一个50岁的老光棍，还收了对方的礼金。她连夜逃出去，在工友的帮助下把女儿生了下来。这些年，她做过工人、保洁、服务员，直到学了中医推拿，才稳定地靠手艺养活自己。弟弟读书不行，父母设法给他在县城安排了一份工作，但是，懒散的弟弟没有一份工作能干足半年。父母没有边界感地跟她要赡养费，拿到她的钱转手就给弟弟。她妈妈总说："我们不靠你养老，你多出几个钱，我们老了还得你弟弟照顾。"弟弟结婚时，她父母把全部积蓄拿出来给他买房，没料想弟弟婚后把父母赶出了家门。前几年她母亲病危，临终前还在嘱咐她"帮帮你弟弟"，母亲过世后，她把父亲从老家接到城里一起生活，靠她每个月7000元的收入养活一家老小。弟弟从未主动关心过他们。

我问她："你父母那么不公平地对你和弟弟，你甘心吗？"她说："以前我没想过我有别的选择，我就是这么被养大的，以为这一切理所当然。后来自己工作了、挣钱了，看到别人的人生，一度恨过我妈妈。这些年想开了，我父母要是真像对我弟那样对我，可能我也被毁了。"她现在每月休息四天，业余时间学习针灸，在中医馆当学徒。女儿喜欢乐器，她就租了琴行的时段送孩子练习，新年还会带孩子去听音乐会。她希望尽力支持女儿实现自己的梦想。

性别不平等激发女性改变

我们可能都直接或间接地认识这样的女性：出生于多子女家庭，父母的爱和关注过度倾向儿子，女儿总是被不公平地对待；从小看父母的脸色行事，只能靠优异的成绩和听话、懂事获得一点点认可；她们往往很有出息，不仅靠出色的工作能力搭建起稳定的生活，还经常补贴父母和兄弟。有些女孩多男孩少的家庭，常常是几个姐姐凑钱给弟弟买房买车娶媳妇。

我们可能会对这些重男轻女的思想感到愤愤不平，但大家是否想过，为什么很多优秀的女孩正是来自这样的家庭？而很多"巨婴"和"渣男"也是来自这样的家庭。

毁掉一个人，最好用的办法就是对他过度照顾。当父母把资源偏袒给儿子的同时，往往也以爱之名对他附加了控制。父母的过度干涉和保护，阻止了他正常的身心发展。

几年前的一天，我乘动车从厦门到南昌，中途上来一位抱着儿子领着女儿的妈妈坐在我旁边。小姑娘可能刚上小学，很文静，一路上不吃不喝，抱着个大大的手提袋安稳地坐着。妈妈不停地使唤小姑娘，一会儿让她给弟弟拿喝的，一会儿让她带弟弟上厕所，后面的几小时，这位妈妈干脆让小姑娘抱着弟弟，自己睡得打鼾。这个弟弟已经有三四岁，可以下地跑，也可以自己吃东西，但是妈妈似乎看不到这一切，坚持要喂给儿子吃，抱着儿子不让他下地。对女儿，这位妈妈似乎又觉得她足够大，完全把她当成了自己的助手。小姑娘用她纤细的手臂抱着弟弟，还腾出一只手拿着玩具哄着弟弟。可以看出，她很累，却不敢松懈，她自己的小孩模样已经无影无踪。这时妈妈又在叫她做事，只见她无奈地皱着眉头说："妈，我实在拿不动了。"她们比我早一站下车，看着小姑娘，我十分想告诉她妈妈"这样做，其实伤害了两个孩子"，但我犹豫着没能说出口，这件事在我心里一直哽到现在。

如果再给我一次机会，哪怕被骂多管闲事，我也会尝试着对那位妈妈说：可能你也因为是女性而被区别对待过，那时你一定很难过。现在，你有机会不再将这种经历传递给下一代。女儿多么希望被你肯定、被你看见，多么需要在你这里安全地做个孩子。生活不易，我知道你有自己的辛苦，但既然把女儿带到了这个世界，请你尽力接受她，不仅是在她乖巧懂事时，更是在她作为一个孩子失败、遭遇困难和挫折时，她非常需要你。也请不要用你的焦虑将儿子包裹起来，他可以跑，能够自己吃饭，请你相信他承受得了成长的挫折，你的羽翼已经剥夺了他向世界探索的权利，你的爱护是在告诉他"你不行"，让他永远只能孱弱地依赖你。也许，你用这样的方式保持了某种安全感，但这绝不是对未来的保证，而且是对两个小心灵的伤害。

有的家庭有"养儿防老"的旧观念。这种想法要成立，有三个基本条件，缺一不可：一、男性是唯一的劳动力；二、女儿完全没有赡养义务；三、养老只能靠孩子而没有其他保障。很显然，现在这三个条件早已消失。他们以为扶持儿子可以让自己老了能依靠儿子，但是，男孩看似在家中占尽优势，却被剥夺了成长和面对现实的权利，他们没有机会"长大"，却要背负道德的审判，从这个意义上讲，男性也同样是重男轻女思想的受害者。在他们长大的过程中，每当遇到困难都有父母支撑、有姐姐分担，在这种环境下长起来的男性，很难获得真正的独立。而在重男轻女思想环境下成长的女性，由于从家长的过度控制中"幸免"，这种关注和养育方面的匮乏反而给了她们自由探索、自我发现的机会，也锻炼了她们解决问题的生存本领。她们在一次次处理危机的过程中越来越相信自己的双手是有力量的，生活是可以改变的，人生是可以靠自己创造的。她们因此变得越来越独立、能干、坚韧、笃定。

女孩，走出来

在重男轻女思想环境下长大的女性，虽然在生活和工作中可能很出色，但在我的临床经验中，这样的女性或多或少在亲密关系方面存在一些问题，比如信任感缺失、对男性的贬低和较量、对自身性别的认同困难，等等。女性的痛苦常常是全世界相通的。贫困、暴力、歧视、压迫，这些压在女性身上的大山，无时无刻不在制造着恐惧。

对于出生在资源匮乏家庭的女性，我只有一个嘱咐：请你努力走出来。你当然可以选择支持和建设家乡，但这是在你有足够的力量之后。在此之前，请通过学习、工作等任何一个机会，脱离你的环境。**女性本身并不缺少生存和转化的力量，比起待在固有环境中被同化，去面对未知的新环境可能会让你的人生开阔很多**。

塔拉·韦斯特弗（Tara Westover）在《你当像鸟飞往你的山》中写道：

你可以爱一个人，但仍然选择和他说再见。你可以每天都想念一个人，但仍然庆幸他不在你的生命中。过往是一个幽灵，虚无缥缈，没什么影响力，只有未来才有重量，因此，你当像鸟飞往你的山。

作为女性的我们，成长意味着要翻越一座又一座规则的山峰，独立代表着必须坚定自己的声音，义无反顾、勇往直前。

做一个不被定义的女性，拥有不被规范的人生，都是极难做到的，但无比值得。

不仅仅是在成功、闪耀的时刻，即使在平凡的、暗淡无光的日子，甚至在饱尝汗水和泪水的人生里，如果你可以对着过往说一句"不遗憾"，这就是你独特的生命律动。

爱无能

柏拉图在《理想国》中记录了一则神话故事，由古希腊作家阿里斯托芬讲述：人类本来长着四条腿、四只胳膊、一对相背的脸孔。宙斯害怕人类力量太强大，就将他们削弱成了两半，也就是人类现在的模样。从此，每个人都在冥冥之中寻找自己的"另一半"。

我们渴望爱人，更渴望被爱。有些人幸运，一开始就找到了契合的伴侣。也有的人进入亲密关系后便显示出了"**爱无能**"（emotional unavailable）。

有时候，你在一段关系中，但又好像没在关系中，你的爱人无法展示出真正的亲密感，他们不爱交流、回避冲突、借口缺席，他们可能会给你模糊不定、琢磨不透的感受，有时他就在你身边，你却觉得他远在天涯。正如我一位朋友的自嘲："结婚后，我终于过上了单身生活。"

识别情绪无能

"爱无能"常见的表现有：

- 沟通内容缺乏一致性；
- 对承诺计划和未来有困难；
- 总给对方模糊的信息；
- 关系一旦深入就抽身逃离；
- 伴侣的情感付出得不到同等回馈；
- 在亲密氛围中防备情绪流露；

- 几乎不会直接表达自己的情绪；
- 总让伴侣感到对方才是问题所在。

爱是灵药

小伊

爱无能在人群中的数量，比我们想象的要多。电影《爱在你左右》（*Mother and Child*）就讲了一个关于"爱无能"的故事。随着电影故事徐徐展开，生活的细节一一呈现，没有爱、没有情，有的是抛弃和救赎、内疚与悔恨、挣扎与无奈、错过与别离。影片中的小伊（Elizabeth）从未见过自己的生母，她一出生就被送走，直到 10 岁才在孤儿院被领养，与养父母的情感也比较淡漠。小伊冷漠、独立、野心勃勃，为了得到想要的东西往往不择手段。新邻居热情地给小伊送来盆栽，她却和对方的丈夫偷情并特意留下"证据"。也许，连小伊自己都没有意识到，她这么做，是出于潜意识的嫉妒。是的，她虽然是一位年轻漂亮、事业蓬勃的大律师，却嫉妒女邻居与丈夫的亲密关系。"爱无能"的人的内心不是一潭死水，而是情绪能力不足以支撑他们获得满意的亲密关系，他们看上去毫不在意，其实非常在乎别人可以爱的能力。越是渴望亲密，就越会反向形成——要求自己绝对独立，不依靠任何人，坚信全世界都靠不住。

和"爱无能"的人在一起，你甚至很难确认关系是否存在，他们看上去完全不需要你，对你没有一丁点儿依赖，你无从知道对方是不是有真感情，他们的内心只能容下自己。但是，这样的人一开始恰恰是很吸引人的，他们往往彬彬有礼、有思想有分寸，很知道自己想要什么，并且特别会打理好自己的一切，这些特质一旦进入关系，就像木头遇到水，完全不相容。

独居的小伊从未想建立稳定的生活，每当她在一个地方待得久一些，周围的关系开始热络，她就只身离开，了无牵挂。有人觉得她非常冷血，可以做到毫不眷恋，只有她知道，自己的内心无法承受一份关系的重量。

她决定一生独身，17岁就做了输卵管结扎手术，给自己买了各种超额保险，她希望这辈子不需要任何人。但是，小伊居然意外怀孕了。对很多人来说，怀孕、生育的过程特别需要亲人的帮助，而小伊拒绝接受孩子的生父的帮助，即便对方很负责地找到她，想要照顾她。她辞去了高薪工作，搬到市郊独自养胎。

有人看电影时觉得小伊倔强冷漠，而我想到的是，她早年对别人该是多么失望，才建起如此完善的内在防御系统，让自己万事不求人，只相信自己。

怀孕的小伊第一次与另一个生命产生了深刻连接，这个幼小的生命就在她身体里，她哪儿也躲不了。我们常说母亲爱孩子，其实孕育的过程也提升了母亲爱的能力。

小伊给生母写了一封信，虽然不知道信能否寄到母亲手中，小伊还是做出了这个尝试。

临产前，要求自己保持对事情有绝对控制的她，不相信被麻醉后医生还能好好照料自己，她要亲眼看着孩子出生。妇产医生告诉她，她的情况不允许她冒险，很可能大出血，但小伊决绝地坚持不使用麻醉和药物。然而，她的愿望最终没有实现，她的生命终止在了手术台上。

露西

小伊的孩子被一名叫露西（Lucy）的女性领养。此前，露西的妈妈一直不赞成她领养孩子的想法，露西坚持要领养一个孩子，但真的领养之后，她却崩溃了，她实在难以承受孩子每时每刻的需要。她以为领养孩子是一种努力后见彩虹的胜利，是"要赢"，而不是"要爱"。

露西完全没想过养育一个小生命是那么辛苦，她想要放弃。这时，一向宠爱她的妈妈反而制止了她："你以为你是世界上第一个当妈的吗？收起你的苦衷，Be the mother!（做个母亲）"这句话太有力量，就是这个"做个母亲"，对很多人来说十分困难，"自己还是个孩子，怎么给别人做妈妈。"露西的妈妈是个很有爱的能力的人，露西在妈妈的帮助下恢复了爱的能力，照顾起小宝宝。

凯伦

凯伦（Karen）在 14 岁时意外怀孕了，妈妈让凯伦生下孩子就把孩子送走了，从此切断了凯伦和孩子的联系。凯伦妈妈的做法看似保护了凯伦，让她可以开始新的人生，但实际生活中，妈妈却把凯伦看得更紧了。凯伦没有和母亲完成**分离个体化**（个体脱离原本所依赖的关系而形成自己独立个性心理的过程），妈妈的焦虑将她牢牢束缚在母女关系里。凯伦毫无欲望地活着，没有结婚也没有再生育，她在老人院做护理，照顾母亲终生。**凯伦是另一种爱无能，她用挑剔和完美主义拒绝亲密的可能**。对亲密的尝试曾带给她羞耻和愧疚，她像赎罪一样惩罚自己，拒人千里地活着，不友善、不热情、每天板着脸。医院的男护工把自己种的番茄送给她，她居然大发雷霆。

"爱无能"的人对于他人亲密的尝试是十分抵触的，因为这恰恰提醒了他，爱和亲密是可能的。他人的亲密举动仿佛在潜意识上唤起他曾经渴望却不曾拥有的亲密感，因此，相比于接受一个人的善意和好感，孤独终老要简单多了。凯伦母亲的钟点工有个小女儿，凯伦对这个小女孩非常反感，她不知道，这个小女孩的存在提醒了她生过一个女儿的事实，她只是不断把可爱的小女孩推开。母亲离世后，凯伦才听到钟点工转述母亲对她的歉疚："她过得不开心，我毁了她，我很抱歉。"几十年的压抑情绪一下子爆发，凯伦痛哭流涕："她为什么不亲口告诉我，她需要亲口告诉我。"

离开了母亲的凯伦，尝试着建立亲密关系，她开始和医院的男护工约会，还对钟点工的女儿备加疼爱。这些情感最终流进了凯伦冰封的内心，她逐渐有了一些爱的能力。她决心寻找女儿，并坚持给她写信。

凯伦最终等来了回信，回信来自小伊。小伊写的那封信一年后才送到收信人手中。造化弄人，母亲和女儿就这样生死永隔。但是上天给凯伦开了一扇窗，原来，她的邻居露西收养的孩子正是小伊的女儿。

治愈爱无能，需要的是爱，需要双方都愿意努力去尝试未知，去突破熟悉的模式，去挑战自己的极限。踏出第一步之后，那看似困难的拥抱会变得越来越容易；在被听到、被回应之后，表达自己的情绪会越来越顺畅。如果电影中的女性最后都拥有了爱的能力，那么你也可以。

心理学有个视崖实验：让刚会走路的孩子通过一段玻璃桥，玻璃桥的下面是断崖般的深渊，桥的另一端是妈妈。摄像机精准地捕捉到母亲和孩子的互动反应。当妈妈毫无反应或面无表情时，孩子在桥的那一头犹豫徘徊；而当妈妈带着肯定的微笑伸开双臂，大声鼓励时，所有的孩子都蹒跚着跨过"深渊"，奔向妈妈。**透过你的眼睛，我看到世界，我全然信任你，即使万丈深渊，我也义无反顾地走向你。**

离开有毒的关系

创伤性连接

你是否曾陷入一段或多段这样的关系：他并没有那么喜欢你，他的爱自私自利，你为他改变了很多，放弃做自己。他从不轻易表露心迹，对你忽冷忽热。你努力付出，总期待着未来会变好，然而一次次的委屈、受伤、失望后，你确信你们不适合在一起，下定决心结束。（如果你没有经历过，不妨观察身边是否有这类人。）

然而，你发现自己断不了、忘不掉。你甚至放低姿态求他回来，每次复合，你的要求就降低一些，对方则越来越有恃无恐，横行于你的世界。你反复问自己，为什么那么傻，总是喜欢上若即若离、冷淡绝情、表里不一的人；那些温润善良的人却无法获得你的芳心。你一度怀疑自己是不是"有病"，朋友苦口婆心的劝说，终抵不过他一条短信的诱惑。

如果你是这样的人，那么我真诚地希望你能了解**创伤性连接**（traumatic bonding），**它是指在一系列奖惩行为下形成的情感连接。 创伤性连接具有虐待性质，对方往往可以通过身体或精神层面传递影响，且这种影响难以改变。**

创伤性连接是一种类似成瘾的情感状态。借用一位来访者的说法就是，"你 36 码的脚，让你一直穿 34 码的鞋，你会觉得挤压、酸胀、疼痛，这时候换回 36 码的鞋，你会觉得无比舒服，无比幸福。"平稳状态下获得的快乐体验，不如压抑后获得的快乐那么强烈。久而久之，就会对这种抑制快乐的"34 码鞋"上瘾。

当一个人不断给你施压、提要求，时不时打压、贬损你，你的情绪会低落压抑。这时稍微肯定一下你，或者给你点滴的鼓励，你就会觉得尝到了甜头，甚至感激这些许的"温柔"。危险的是，如果持续这样的惩罚—奖励—惩罚机制，你就可能习惯待在这样的关系中。慢慢地，一般的好体验不足以让你舒适，你只能靠这种虐虐的感觉获得活着的感受。

在浪漫关系、友谊、家庭及工作关系中都有可能存在创伤性连接。那么，怎样识别你是否处在创伤性关系中呢？

- 你知道关系中充满虚假与阴谋，却无法放手；
- 你愿意做一切事取悦对方，而对方的回应却只会让你痛苦；
- 你感到付出远远多于回报，却对这个人难以割舍；
- 你有时徘徊在自我毁灭的边缘；
- 你忽视了自己的价值和尊严，情愿为对方一再降低标准。

如果你发现自己符合以上描述中的不止一条，你很可能正处在一段创伤性关系中。大多数情况下，这段关系会使你陷入长久的不开心，情绪潮涨潮落。越来越多的研究表明，

有"毒"的关系是导致抑郁、焦虑、双相情感障碍等心理
问题的主要诱因之一。

冷暴力

有时候我们看一些伴侣的互动，会首先注意到一方好像在
制造事端，另一方却沉默地想要息事宁人。我们习惯上可
能认为是挑事者"无事生非"，却忽略了所有关系都是两个
人互动的结果。没有什么比故意的沉默更容易带来不安、
唤起焦虑了，虽然什么都没说，却让空气中弥漫着攻击的
气氛，让另一方不得不打破沉默。这种敌意的沉默，就是
冷暴力。

冷暴力常常是习得性的，冲突一来就缩进壳里，任你千呼
万唤不出来。有些冷暴力的人，早年也是暴力的受害者，
当周围的争吵过于激烈，当事人就将自己关进房间，这在
精神上是一种存续冲突的方式。还有一个原因，就是成长
环境中缺乏合理沟通的示范，比如很多家庭，父母吵架后
便进入僵持状态，持续几天或几周，熬到一方不得不开口
说话，一切才仿佛就过去了。这容易让孩子误以为：冲突
自然可以解决，出了问题不说话就可以了。

如果一个人成长在回应不足的环境里，缺乏必要的共情和互动，或者他只能有条件地（比如外表好看，成绩好，特别懂事等）被"看到"，那么这样的情绪体验就成了核心情绪体验。尽管情感饥荒的人渴望一个理想的伴侣，却会不断地在相似的模式中落入冷暴力的关系，因为他在潜意识上"嗅"到这种熟悉的体验，这种体验虽然不愉悦，却让他在某种程度上感受"活着"。

什么是强迫性重复

强迫性重复（repetition compulsion）最早是弗洛伊德在其论文《超越快乐原则》（*beyond pleasure principle*）中提出的。**它是指我们会无意识地（尤其亲密关系中）不断重复童年的创伤体验**。按理说，人都是有快乐趋向的，但是弗洛伊德发现，小孩子会把他最喜欢的玩具扔出去，再哭闹着把玩具要回来，不断重复。在经历了痛苦后，人会不由自主地制造相似的情景，体验相同的情感。在这个情境中，孩子代表我们每个人心里的小孩，玩具是母亲的替代，孩子通过这样的互动，不断确认"自己可以被爱""自己是安全的""母亲会回来"，用以平复母亲不在时的焦虑。

现代依恋理论发展了这一模型，并且将依恋关系分为安全型、矛盾型、回避型、混合型等几种类型。

凯特·史密斯（Kat Smith）显然不是安全型依恋的范本，在少女时期，她不断被继父虐待，妈妈却无暇照料她，她非常害怕，在枕头下藏了一把刀，暗暗发誓，如果继父再向前一步，她就与他同归于尽。后来，她早早离开了家，再也没有回去。以为远离原生家庭就能脱离苦海的凯特，却每每遇人不淑，她不断喜欢上极其糟糕的男性，就像脑袋里有一盏探测灯，总是照到"渣男"身上。

凯特进行了多年心理咨询，逐渐意识到这一切是创伤带给自己的强迫性重复。自己总是被有问题的人吸引，可能是在潜意识中重复早年的创伤。这出于两种动力：一种是创伤性连接的动力，一种是完成愿望的动力。完成愿望的动力，意味着我们会无意识地创造同样的关系情景，并且希望这一次能够被满足、被治愈。凯特虽然远离了母亲和继父，但是她总在重复约会坏男人，希望这一次不会像小时候被继父那样伤害，希望可以被母亲看到和保护，但这在强迫性重复中是极少能实现的。在心理咨询师的帮助下，凯特不仅释放了对继父的愤怒和恨，也觉察到自己藏得更深的对母亲的恨。母亲始终和继父待在一起，让凯特暴露在危险之中，仿佛在告诉她"你要忍耐，不能逃离这坏关系"，这让她无法摆脱创伤性的连接。

走出强迫性重复的凯特成了一名妇女组织者，并且步入了一段满意的关系中。

五个步骤斩断循环

糟糕的关系对人们有长久的影响，甚至会改变人的认知和行为模式。如果你或身边的人正处在这样一段关系中，受到强迫性重复的影响，请仔细阅读以下几条。

1. 寻找专业协助

解铃还须系铃人，关系中的问题需要在关系中疗愈。要改变强迫性重复，不建议迅速进入下一段关系，或者靠爱上他人来解救自己，因为这样很可能重复走入相似的境遇。你需要时间去真正了解自己，在咨询师的专业陪伴、支持下，与咨询师建立安全、良性的关系，充分体验被好好关照、值得被爱的感受，才能逐步改变固有的关系模式，恰到好处地去爱自己和爱他人。

2. 理解并哀悼这段关系

人们安慰失恋的人往往会说"为那个人伤心太不值得了，快忘掉吧"。但千万不要强迫自己快速走出失恋的阴影，任何一段关系的结束都需要充足的时间去哀悼。操之过急常常会压抑情绪，还容易陷入过度理性的假性积极。在创伤性的连接中，有奖励与惩罚的部分，虽然这种被虐的感觉很伤人，但偶尔的热情和道歉却会让人愉悦开心，这种压抑后获得的短暂喜悦，往往会让大脑分泌更多多巴胺（一种让人快乐的神经物质），这可能比运动健身后的兴奋更强烈，更让人难以忘怀。因此，需要坦诚地哀悼一段关系的结束，不是因为这个人多么不可取代，而是你在这段关系里付出的感情足够珍贵。尊重自己的感受，不急着好起来，是自我关照的必要步骤。

3. 回顾总结

有可能的话，把这段情感经历写下来。写作，让大脑有机会对这段关系整理加工，同时起到风险提示的作用。写作不必拘于形式，可以放松地、自由地、不顾章法地书写，也不用想着写得多么出色漂亮，艺术性的表达能帮我们获得自我空间，其过程本身就够了。

4. 与人分享

要和靠谱的人说一说。有时，我们担心别人觉得自己傻，不敢开口向人讲述自己的遭遇。人在单调的人际环境里越久，越容易进入自我暗示的状态。这个时候向可信的人诉说，既给自己"得救"的机会，又给大脑一个理性的判断空间。你甚至可能发现，还有很多人和你有类似的经历，他们的做法可能会给你带来新的启发和思考。

5. 学会自我关照

比较矛盾的是，相信自己够好的人，不太会陷入"有毒"的关系；陷入"有毒"关系的人，往往都觉得自己不够好或不值得被爱。这当然需要很多好的关系体验来修复，但有一点是你当下就可以做的，那就是学会爱自己。看看你是否在违背自己的内心做事，是否故意让自己不好过，是否认为自己配不上好东西，是否不舍得为自己创造健康良性的环境。人的自我伤害，真的可以穷尽想象；只有学会了爱自己，才能在亲密关系里享受依赖和独立，这值得我们用一辈子去修习。

为母不易

今冬最冷的一天，我和朋友约了吃火锅。这些年，我们相聚的机会越来越少，**自从有了娃，她的时间不再是她的**，约她吃饭得提前两周。淅淅沥沥的小雨把行人都赶回家了，街道空荡荡的。她只顾低头嚼毛肚，神色有些暗淡。

我忍不住问：你还好吗？

她眼泪一下子流出来，抓起纸巾擦了擦。

朋友：我没哭，是锅底太辣了。

我：对对对，你没哭，你怎么会哭呢，怪火锅。

朋友：（沉默）太难了。孩子在家上网课，他根本学不进去，老师天天在群里喊家长监督打卡，还要录视频，我根本管不了他。

我：网课本来就会分散注意力，让这么大的孩子守着电脑不玩游戏，那等于让孙悟空看守蟠桃园。

朋友：是啊，天天把我气的，我现在每天自我催眠似地"念经"："是我要生这个孩子的，我爱他，我有那么多爱分不出去，我选择养育一个孩子把全部的爱都给他，这是我自己愿意的，所有这些辛苦都是我想要承担的。"

我被她双手合十、一本正经"念经"的样子逗笑了，真是又心酸又可爱。

抑郁的母亲

温尼科特一生接诊过超过 6 万个家庭，他在书中写道：

我认为，做母亲最好是浑然天成……慈母的贡献不正是因
为太伟大而常常受到低估吗？每个健全快乐的人，都亏欠
一个女人一份天大的恩情，因为在襁褓之初，我们甚至对
依赖都毫无概念的时候，就已经绝对依赖母亲了……

人们常常歌颂母亲的伟大，其实这其中也包含了对母亲角
色的理想化期待，也许只有极度辛苦和缺少报偿的工作才
需要用"伟大"来形容。

告诉女性"生了孩子才完整"是句咒语，告诉妈妈"养孩
子无比幸福、绝不会后悔"更是一个谎言。就像我的这位
朋友，她是期待拥有孩子的，孕期也过得比较顺心，双方
的父母也都给予了支持。然而，在生下孩子后，她还是经
历了很长的抑郁期。

我们通常认为，结婚、生子是一种获得，应该感到幸福。
但在现实生活中，生孩子对很多女性来说是一种巨大的挑
战：她们要全天候地满足婴儿的需求；之前对自己照顾得
无微不至的家人现在把注意力都放在了新生儿身上；新手

妈妈的焦虑；周围人对她如何做母亲的各种要求。女性，至少是孩子初生阶段的女性，需要暂时放下自己的主体性，她必须将自己借给婴儿"使用"，随时随地觉察宝宝的需要，敏感地捕捉宝宝的情绪。这个时候，她最不需要听到的就是"你怎么当妈的""你又不上班，在家带个孩子有什么难的"，这会让她产生深深的挫败感。

虽然近年来产后抑郁的相关知识得到普及，但从临床方面看，很少有围产期抑郁的女性主动寻求帮助，她们常常带着满满的自责和羞耻感默默忍受着，无法诉说。

"母亲是不是必须爱孩子？"一位来访者曾这样问我。

会产生这样的疑问，很大一部分原因可能是各类电影、电视剧、广告、故事里，把母爱塑造成一种天然的、无尽的资源，把养育过程演绎得过于神奇和美好。

而实际上，有的母亲对孩子是有恨意的。这个小生命剥夺了她许多的自由与快乐，限制了她的身份与梦想。母亲对孩子的这种恨意往往很难被世人接受，这类母亲也因此背负了更多羞耻感，甚至犯罪感。

因此，尊重个体的独特性，理解每个人都具备养好孩子的天性，而不是对年轻妈妈说教、干涉、控制，是对母婴关系基本的敬意。

养育不足的后果

在与来访者做深度沟通时，溯源到根本问题，往往与其母亲有关，如果对"母亲"的依赖与恐惧不能很好地被接纳，就埋下了人格问题的种子。**如果母亲自身处于糟糕的环境或恶劣的心境之中，孩子将会直接受到影响。**哈洛的恒河猴实验就清晰地呈现了这个规律。

20 世纪 50 年代，动物心理学家哈利·哈洛（Harry Harlow）将刚出生的小猴子与妈妈及同类隔离开，把它放置在笼子里。笼子里有两个母猴模型，一个是铁丝做成的母猴模型（装有奶瓶），一个是绒布做成的母猴模型（没有奶瓶）。实验发现，小猴子只有在很饿时，才会去铁丝母猴那里吃几口奶，大部分时间，它都抱着绒布母猴，蜷缩着身体获取温暖。科学家向笼子里放入会动的木蜘蛛，小猴子第一时间投进绒布母猴的怀抱，小猴子的反应充分说明，在恐惧、陌生的情境中，它认定那个有温度、有触感的存在才是母亲。

这样长大的小猴子非常敏感、胆小、不安，无法和其他猴子一起玩耍，性格孤僻，成熟后也不能与其他猴子进行交配。它总是睁着恐惧的大眼睛，害怕地看着陌生的环境，一有机会就跑去绒布母猴那里寻求安慰。这个实验充分说明，充足的喂养（铁丝母猴）并不能保证个体健康地活下去，**要获得身心健康，必须有触摸、温暖和玩耍。身体互动与精神陪伴都是极其重要的。**

很多人看到哈洛的恒猴实验都觉得十分残忍，可怜的小猴子一生都无法拥有安全感，作为实验的牺牲品过着残缺的猴生。如果你觉得这只小猴子可怜，可以想想在精神疲惫、情绪失落的母亲养育下长大的人们。有时，人的境遇更加极端、凄苦。那么，既然原生家庭有精神虐待（如第一章提到的"灵魂杀手"），为什么这个人在成年后不离开迫害自己的环境，依然不断陷入相似的施虐关系里？让旁观者哀其不幸、怒其不争。看看小猴子就知道了，即便从来没有被"母亲"安抚和保护过，当被饥饿、孤独、危险侵袭时，小猴子依然紧紧抱住"母亲"，用生命与它保持连接。这是因为，在孩子的心里，有个坏妈妈总比没妈妈强。很多人难以走出坏关系的陷阱，反复爱上糟糕、冷漠的人，是因为这种关系虽然很痛苦，却是他所熟悉的，其本质上是在重复自己与母亲的关系（创伤性连接）。

还有些情况下，孩子成了妈妈的照顾者，"只有保证母亲快

乐，我才能活下去"，心理学称这一类人为父母小孩，他们
是照顾者的照顾者，从小就发展出一个乖巧懂事、为母亲
排忧解难的假自体。假就假在，这并不是被全然满足后衍
生出的，也不是在爱的灌注下自发的，而是一种虚假的生
存技能。父母小孩的内心深处，依然是个原始的婴儿，极
度渴望被呵护和照料，但又拒绝承认自己的这种需要，或
者不断陷入"别人靠不住"的理想化破灭里。

那么，如何才能保证妈妈的心理健康？我有两个建议。

不做完美妈妈

有些妈妈在养育孩子的过程中过于焦虑，生怕一个过失就
会让孩子终生不幸福，她们买回大量育儿书籍、参加很多
网络课程、不断请教育儿专家，想努力做一个完美妈妈。

人不可能是完美的，当然也就不存在完美妈妈。其实，大
可不必去追求做完美妈妈，你只需要做个"足够好"的妈
妈就够了。

"足够好"的妈妈，可以恰到好处地给孩子提供其成长所需
的安全感、独立感、支持感，而不会过度限制或剥夺孩子
的发展空间。

举个例子，你的宝宝正在爬一个很高的架子，你看着宝宝一步一步地向架子上爬，离地面越来越远，你会如何做？（1）"完美"妈妈会抢先一步，将孩子抱下来，根本不让危险发生；（2）"坏"妈妈可能会视若无睹，或者根本察觉不到危险，甚至在孩子摔下来时依然对孩子不管不顾；（3）"足够好"的妈妈则会充分允许孩子探索，但同时保护孩子，对孩子可能发生的危险进行防范。

有人会说，为什么不做"完美"妈妈，从根本上避免危险呢？

如果那样做，妈妈竭尽全力避免孩子受到挫折，孩子的每一次探索和尝试都被剥夺，这会让孩子感受到"你根本承受不了磨难，你是不行的"。当这个孩子进入社会，就会成为一个经不起风雨的"妈宝"，无法拥有自主意识和自我感，永远依赖妈妈。**"完美"妈妈是孩子人格独立的"杀手"。**

而第二种情况下，孩子会经历一次创伤，在危险发生时完全没有母亲的回应和支持，这会让孩子陷入不满足、不安全的状态，成为日后的人格基础。冷漠环境下长大的孩子，心灵是沙漠化的，难以拥有爱的能力。

很多妈妈可能处在"完美不足，焦虑有余"的状态。有时，难就难在不去干预、任其发生，这需要用足够强大的心理空间，去容纳自己失控的焦虑，不让这种焦虑推着我们行动。温尼科特曾经描述过一种每个孩子都会玩的游戏，就是把手里的东西丢出去。孩子需要在这个过程中了解到自己是有能力"结束"（丢掉玩具）的。如果玩具丢出去的尝试被焦虑的大人阻止，孩子的自主性就受到剥夺；如果扔出去的玩具没有被捡回来（消失了），孩子就会陷入惶恐不安；如果玩具可以丢出去还可以被捡回来，那么孩子就可以专注于这种玩耍，安全地享受独立与依赖。

调动爸爸的作用

大量心理学文献都描述了母亲的作用、责任和影响，却很少提及父亲的作用、责任和影响。但是，"父亲的缺席"作为理解心理困扰的诱因，普遍存在于临床案例中。这是一个有些讽刺的状态，父亲如此重要，我们却很少研究如何做父亲。社会约定俗成地认为母亲就该是管孩子的，大男人就该干事业，不能被带孩子这样的家务事束缚。有一次，我的一个闺蜜跟我说："我前阵子感冒，完全起不来床，还好我老公帮着带孩子还给我做饭，真得好好感谢他。"我很诧异，为什么要感谢他？他带自己的孩子，给自己的家人做饭，何谢之有？

很多中小学家长群，会被命名为 ×× 班妈妈群，备注也是"孩子名 + 妈妈"。如果不是特别说明，老师们也会默认接送孩子、辅导作业都是妈妈的事。偶尔有男家长加入家长群，反而显得有些"违和"，这种"女人 + 小孩"的环境常常让爸爸们无所适从。因此，也许我们该好好考虑一下，妈妈该如何"使用爸爸"，如果爸爸做法过分而妈妈又一直忍气吞声，那么孩子也会在这个过程中学会"忍受坏关系"，因为妈妈就是这么做的；或者孩子被妈妈的"为了你"精神绑架而活在愧疚中。

在场的爸爸，不一定就不缺席。坐在沙发上打一天游戏的爸爸，虽然他就在孩子的身边，但他依然是缺席的；只顾孩子而不把妻子的需求当回事儿的爸爸，同样也算缺席。反之，**不在场的爸爸也可以是很好的陪伴**。比如因工作长期出差的爸爸，每天定时和孩子、妻子视频通话，经常给孩子寄贴心的玩具，真诚地表达对孩子的思念和对相聚时刻的珍惜，都能很好地让孩子感受到父亲的在场。

好的关系可能是，**爸爸托起妈妈**（精神、生活上的支持与照料），**妈妈托起孩子**（被满足的妈妈足够好地养育孩子）。

夫妻之间的问题放在夫妻之间解决，解决不了的求助专业人士解决；女性与婆婆不和时，夹在中间的丈夫应该积极去化解矛盾，不能以"女人的问题"为借口逃避。

尽可能不要将对伴侣的不满发泄到孩子身上，不要将孩子作为伴侣的替代者，不要不停地问孩子"离婚了要爸爸还是要妈妈"，更不要不停地对孩子诉说另一半的不好，因为这样可能会让孩子陷入内心冲突状态。

我的一个朋友，高中时遇到难以解决的感情问题，妈妈坚决反对她的想法，她气得离家出走。一向沉默寡言的爸爸就到处找她，走一次找一次，持续了几个月的时间。爸爸找到她时一言不发，就安静地陪着她，需要时给她递纸巾擦眼泪。父亲虽然也没有办法解决矛盾，但默默守护着她。后来她回忆起这段时光，充满感激地说，爸爸给了我活下去的力量，让我知道这个世界没有抛弃我。

所以爸爸的养育作用也非常重要。

第四章

工作

工作的能力，不仅意味着可以用劳动换取物质资料，还意味着一个人能够将注意力、兴趣、自我实现投入一件持久的事情中，并且可以创造性地获得快乐、安全、满足的报偿。越来越多的女性通过工作体现了自我价值，用工作成果展现了自己的力量。女性在事业发展中，可能时常遇到来自职场、家庭、社会的限制与困扰，有些是可见的，有些是无形的。这一章，我选取了职场中常见却不常说的几个议题，帮你一起踢碎"看不见的天花板"，助你获得更多工作的能力。

追逐你的梦想

与天空的距离

许多女性对自己"要什么"有着清晰的认知，比弗利·巴斯（Beverly Bass）便是其中一个。8岁那年她第一次看到飞机，就激动地告诉父母自己要当个飞行员。小时候的比弗利会在飞机模型的橱窗前一站几小时，拉都拉不动，以至于母亲每次大老远看到与飞机有关的东西，都会捂着她的眼睛绕道走。14岁那年，比弗利央求父母允许她学习飞行，被经营马匹生意的父亲一口否决。18岁的暑假，正在读大学的比弗利跑去飞行学校给自己报了名，接着又在大学第二年继续飞行训练。

她以优异的成绩通过了所有理论和飞行测试，却根本找不到工作。航空公司看了她的简历都说："你的成绩和飞行经验都非常好，但是，我们真的不能录用一个女人。"一路追逐梦想，却遭受不公平的拒绝，比弗利会放弃吗？当然不。她继续努力申请飞行员工作，最后在殡仪馆找到了她的第一份飞行员工作——运送尸体。那是一架简陋的小飞机，比弗利每次都要跨过尸体爬进驾驶舱。她白天读大学，晚上开飞机运尸体，时薪只有 5 美金。乐观的比弗利笑称"这份工作的好处是，你永远不会被后座乘客投诉。"

1976 年，美国航空在超过 10 000 名应聘者中，录用了 87 人，比弗利便是其中之一。但比弗利依然不是飞行员，因为当时没有女客机飞行员这个职业，她只能作为飞航工程师参与工作。男机长们总找机会调侃她："哦，你是来给我们端饮料的吗？"女机组成员们也不待见她："你觉得你比我们厉害吗？"但是，比弗利继续苦干、实干，她的专业能力永远是最好的。随着时间推移，老机长们一个个退休，但比弗利一直被续聘。1986 年，她成为美国历史上第一位女客机机长。

比弗利说："**我并未刻意要打破什么天花板，我只是在追逐自己的梦想**"。成为机长后，她依然常常受到质疑。曾有一位男乘客盯着她看了很久，然后说"我不知道机长还可以有个秘书"，还有很多乘客一看到她，就开始担心："完了，居然是个女飞行员"。比弗利意识到，要顺利完成工作，必须让大家信服。她认为，自己并不需要变得像男人那样粗鲁莽撞，她需要运用女孩的游戏方式赢得大家的尊敬。经过不懈努力，人们都对比弗利的专业水准肃然起敬，每一次平稳的起降，都为她迎来更多支持。

2001年9月11日，比弗利驾驶着客机从法国巴黎飞往美国达拉斯途中，突然收到紧急广播："美国所有航空关闭，迫降他处。"这是从未遇到过的情况，大家根本想象不到发生了什么。比弗利不知道，彼时两架飞机已经撞向了双子塔，她保持一贯的冷静沉着，迅速调整飞行计划，准备降落他处。最终，加拿大一个名不见经传的小镇接到了她的呼叫。这个名叫甘德的小镇，只有一个警局、一所学校、一座规模稍大的医院。那一天，小镇的全体居民出动，接待了包括比弗利所驾驶的原本要飞往美国的38架客机，总共6579人（差不多是小镇人口的总和）。热情的小镇居民拿出他们的食物、毯子、帐篷来招待这些素未谋面的远方客人，比弗利和乘客们在小镇生活了5天。小镇的慷慨尽显人间温情。这个故事后来被百老汇改编成了音乐剧《来自远方》（*Come from Away*）搬上舞台，其中，女机长比弗利的故事被改编成歌曲片段《我与天空》（*Me and the Sky*）。如今70多岁的比弗利，仍在身体力行地影响着许多人。

起落架离开地面，大地在身后远去，我坐在驾驶舱，一切都变了，我不再"太矮小太年轻"，突然间，一切障碍物都消失。我和天空之间，再无阻隔。

——音乐剧《来自远方》选段《我与天空》

寻找自己的兴趣

大部分人都需要通过工作满足物质和精神上的需求。如果你不像比弗利那样有明确的目标，就请你回忆一下，你小时候曾经对哪件事情着迷般专注，忘乎所以。可以是非常非常小的事情，比如玩泥巴。**在精神分析中，兴趣被认为是本能欲望的一种升华**。兴趣，就是你可以心无旁骛地沉浸其中，让你感到"活着"的事。尼采说，知道生存意义的人，几乎可以忍受任何一种痛苦。

我国有些地区民间有"抓周"的习俗，在孩子一周岁时，在他面前摆放各种物品让他抓取，通过孩子抓取的物品判断孩子的兴趣或可能从事的行业，比如抓到书，预示孩子长大后要做学问，印章意味着当官，钱币表示要经商，葱代表聪明，稻草代表从事农业。心理学上认为，尽管婴儿不具备与真实物品建立关系的能力，但是他们会对物品表现出选择性的反应，这是人性好奇的本能和兴趣偏好在驱使。只不过，"抓周"并不能真的预测一个人的未来。

我们可以想象一个一岁半的小宝宝，注意力被一只玩具吸引。他抓起玩具，丢出去，再爬过去把玩具捡起来（像妈妈示范的那样），再扔出去、捡回来，不断重复。有一次，他把玩具扔得好远好远，玩具卡在桌子角，看不到玩具了。

这时宝宝有些慌乱，哇哇叫着向妈妈求助。妈妈把玩具捡回来给他，他就又开心地玩起来。妈妈起身去做别的事情，小宝宝看了一眼妈妈，依然沉浸在和玩具的互动中。妈妈离开了好一会儿，小宝宝几次抬头寻找妈妈，但因为有玩具的存在，他并没有十分慌张。直到妈妈再次出现，小宝宝更加安心地玩起来。

人类的兴趣，最初就是这么来的。在安全的养育环境下，玩具可以作为母亲的替代，小宝宝把对人的需要转化为对玩耍的需要。如果在这个阶段与母亲的依恋关系相对紧张，那么小宝宝则不能安心玩耍，表现得非常焦虑。当小宝宝能够专注地玩耍时，兴趣也就产生了。当他们再长大一点儿，发展出更多兴趣的小宝宝会格外喜欢某些玩耍方式。当然，这个时期的兴趣还不能算作爱好或目标，但至少让小宝宝的关注和喜爱都聚焦在了某一类事物上。

兴趣并不总是跟工作挂钩。有人可以合格地完成工作，但你问他有什么爱好或兴趣，他表示不知道；一些情况下，你具备出色完成工作的能力，却在感情状态不佳时完全进入不了工作状态，这提示着童年早期兴趣培养阶段可能存在被打断、被焦虑裹挟的情况。缺乏接纳、安全的养育环境，孩子的探索欲就可能被压抑，进而对事物缺乏足够的兴趣。我们常常说"做一个有趣的人"，这个趣就是对世界的好奇心和探索欲。父母过度干预孩子的行为，制定严苛的规则进行惩罚，很容易让孩子形成被动、依赖的心理，失去了向外探寻的欲望。什么事都被父母大包大揽的孩子，成年后大多很难明确自己的兴趣，相比面对自我选择的不确定后果，他们可能更希望有人告诉自己怎么办。

保持梦想

有人表示，"这说的就是我，我就没啥兴趣爱好，是不是没救了？"当然不是的。当我们开始了解自己，保持与心绪的连接，就能体验到更多的乐趣，慢慢恢复好奇心。我经常听到长期进行心理咨询的来访者（虽然他们的求助动机可能不是关于兴趣）说："相比之前，自己能够体验到更多更细腻的感受了。"这是因为，经过情绪表达、创伤愈合、自我重建，一个人的内在流动起来了。"花也香了，云也美了"，体验多了，人就成了有趣的人。

在兴趣中，想要持续做的事便可称为梦想。梦想不一定要与职业挂钩，但可以是我们努力工作和生活的动力。写下这段话时，我回想起自己儿时的梦想——当一名作家。那时候觉得写东西一点也不累，可以心无旁骛地一连写几小时，直到家人喊"开饭了"，才挪开脚步走到餐桌前。当然，这只是我众多梦想中的一个，今天也算实现了。

成为心理咨询师，是我与这个世界最好的相处方式。这个梦想是在实现了其他梦想之后才逐渐变得清晰的。所以，重要的是多尝试，不管是换工作、换行业，还是换生活方式，只有尝试过才会知道自己的兴趣在哪里。很多人喜欢坐在电脑前观看别人追逐梦想的故事，自己却瞻前顾后许多年不肯迈出一步。这是有些可惜的。**只要你真正迈出第一步进行尝试，实现梦想最难的部分就已经过去。**

半边天的衣橱

我过去工作的电视台，曾有位叱咤风云的女制片人，创立了一系列收视率和口碑双收的节目，她雷厉风行、一丝不苟、对错误零容忍，很多年过后，还流传着她的一些经典金句，比如"我只有在上厕所的时候，才觉得自己是个女人"。常年与企业家打交道的她，需要表演得像个男人，甚至要显得比男人更刚强、凌厉、威严，这是很多女性在职场，特别是在领导职位上会遇到的情况。

公司通知要出席一项重要的商务会议，猜猜看大部分女性考虑的第一件事是什么？对，穿什么衣服。这并不是因为女性更喜欢打扮，而是作为女性，需要随时在公共场合保持风度和修养，举手投足要不失庄重，行为体态要尽量优雅，还有很多专为职场女性提供的仪态培训，从妆容到衣着、鞋子、配饰，都需要花功夫去琢磨。简·艾琳（Jean Eline）是我读博时的同学，已经 70 岁的她，是位资深律师，常年为女性律师的平等权益奋斗。她告诉我，在前些年，每当有重要会议，男领导就会对她说"简，叫上你的姑娘们"（Hey Jean, bring your girls）。简每次都会跟对方强调，请用律师称呼她们，然而这种现象还是持续了多年。

除了同工不同酬、生育辞退等性别歧视外，广大女性还在经历着许多由于性别带来的大大小小的偏见。当女性表现出果敢、坚毅的上进心时，往往会被警告"你得给男人留点面子"，这一类的说法从潜意识层面向女性植入了一种"不能比男人强，不然关系就会失衡"的恐惧。统计表明，女性比男性更容易经历职场的表现焦虑（performance anxiety）。

表现焦虑

表现焦虑是指个体在呈现某一项或多项任务时体验到的恐惧感。有表现焦虑的人往往会在任务开始前担心任务失败，或者无法达到内心希望的效果，认为失败或发挥失常会导致被拒绝、被羞辱等。表现焦虑可能在任何情况下出现，对于演出和公开的表达焦虑又被称为舞台恐惧症（stage fright）。

事实上，很多女性从小女孩起就在经历各种表现焦虑。人们总是教育女孩要十拿九稳才可以出手，教育男孩却是"勇敢些"。当我们对女孩子的养育以"认真仔细""听话懂事"为标准，就在某种程度上压抑了她们天性中自然和放松的部分，一系列要求会使得女孩子更加看重显性结果（比如成绩）。

表现焦虑是我们内心的"衣着警察"，在我们每天打开衣橱时监管着我们。职场女性的穿着禁忌是潜移默化的，很难具体形容那种弥散式的衣橱困难。娇嫩的衣着会显得不够专业；性感的衣着显得不够端庄；我们不敢选择太艳丽的衣着，担心同事背后指指点点；我们也不敢穿一身黑西装，害怕被人叫"男人婆"。职场女性的衣着，总是介于阴柔与阳刚之间，有多少女性每天都要翻遍衣橱寻找一件既不土气又不张扬，还稍带别致体现匠心的衣服。

比起穿什么，更让许多职场女性困扰的是说什么。有这么一个视频：一位女性在工作中发言，但全场都当没听到，不管是她汇报工作成果还是要求升职加薪，甚至是她给出绝妙的方案，老板永远都只听男同事的。她的概念被剽窃，大家依然只听男人在说什么。后来，这位女士想了一个办法，雇了个男性老人清洁工，每次发言就让老人把她的话复述一遍。果然大家都洗耳恭听，老人甚至很快被升职加薪委以重任。这当然是个搞笑视频，但也揭示了一个无奈的现状，女性的意见容易被轻视。一个负面影响是，女性因此更加沉默，更加不敢给出坚定的、具体的、直接的意见，说话会变得模棱两可。

将消极评价转化为动力

太多女性习惯了从自己身上找问题。别人这么评价我，肯定是我自身哪里不好；有人不喜欢我这样，我得多加注意；这次失败了，我得先找找自己的问题。我们一次次陷入自我规训中，说白了，是太把别人当回事儿。

记得有一次，我报道的新闻播出后，我接到一个电话，是我的上级从他的上级那里收到的反馈：女记者的打底衫领口太低。我像做错了事一样被教育了一番。我那次出镜，穿的是一件小西装，里面是件普通打底衫，领口在颈下四指的位置。我很困惑，难道人们关注的不应该是我报道的内容吗？

当时没有人开导我，我跑去买了一堆衬衫，每一件都确保领口是收紧的。这样的事情潜移默化地影响着女性的着装风格。如果那时我可以认识到，下达命令的人可能只是有其自身的问题需要处理，或者我能够把那通电话理解为"这只是对方无法在他的世界里消化一件打底衫，不是我的错"，我可能会好过很多。在地方电视台兼职期间，我曾被一位女性领导当面评价："你这嗓子不行啊，哑哑的，这可达不到我们省电视台的标准哦。"半年后，我到另一座城市就职于稍高一级的媒体，换手机号时群发了条短信，她突然打电话过来："晓韵呐，我一直都很看好你，就知道你肯定会飞黄腾达的，有空记得回来看我们哟。"

将消极评价转化为动力，是最好的回应。清晰的自我认知和定位，有助于我们隔绝他人"有毒"的观点和评价。将这些出于嫉妒、胆怯、排斥的评价转化为你奋斗的燃料，专注做好自己的事情，提升专业能力，勇敢地表达自己的观点，大方地表现自我。**你都这么喜欢自己了，别人自然也会喜欢你。**

被建构的女人

一位父亲准备带他的儿子去面试一个大型股票经纪公司的职位，正当他们到达这个公司的停车场时，儿子的电话响了，儿子看了爸爸一眼。爸爸说："接电话呀。"

打电话的人是一个贸易公司的CEO，CEO在电话里说："儿子，祝你好运，你一定可以的。"儿子挂了电话后，再次看向坐在他身旁的父亲。请问，这是怎么一回事儿？

你的第一反应是什么？"打电话的是孩子的干爸爸""儿子是收养的"，甚至会脑洞大开："平行时空里的爸爸打来的电话。"

其实，答案很简单，打电话的是孩子的妈妈。

这道题目，测试了我们内心隐藏的性别刻板印象。看到"贸易公司的CEO"，我们的大脑自动反应"这是男性"，因为在无意识层面有个隐藏认知：女性不能成为CEO。

什么是女人

作为女性，我们被告知了太多的"不"。

不能太好动，不能像个男孩子；不能太胖，也不能太瘦；穿得不要太暴露、不要太老旧；在职场中不可以太有锋芒，也不能太沉默；在关系中不要太主导，会给别人压力，但也不要太随意，显得轻浮；不能太上进，那样会显得咄咄逼人，又不能太懒惰，那样会嫁不出去；长辈说不能不生孩子，职场却说不要生孩子；年轻时不能显得太老，老了不能穿得"装嫩"。

我们每天生活在如此多的"不"中，却很难对要求说"不"。他人逾越边界，我们没法理直气壮地说不；遭遇性别歧视，我们不能斩钉截铁地说不；亲朋好友催婚催生，我们无法意志坚定地说不；面对种种期望，我们不能自由地说不。不能说不，只因我是女人。

什么是女人？

女人又是什么？

你是如何确认自己是个女人的？

你可能说，我做事认真仔细、情感丰富，我还很会照顾人。这很好，但为什么这一切是女人的专属？

性别表演

说到表演，你会想到什么？舞台、灯光、道具，角色、造型、剧本。正在读此书的你，每天睁开眼睛就收到一个基本任务——演好一个女人，或一个男人。打开衣橱，我们要为今天所扮演的角色选择戏服；对着镜子，我们要为这个角色加上相应配饰；走出门，我们会自然地用这个角色该有的方式待人接物。我们之所以察觉不到这是一场表演，是因为我们几十年如一日地待在这个角色里。

从呱呱坠地的那一刻，我们就被分配了性别脚本。穿蓝衣服的男宝宝和穿粉衣服的女宝宝同时挥动双臂，人们可能会对男宝宝说"哇，你好有力气，要做个拳击手吗"，对女宝宝说"啊小公主，你在跳舞呀"。接下来，幼儿园老师可能会告诉孩子如何更像一个小男孩或小女孩，同龄人也会帮你进行性别站队。对大多数人来说，我们时常面临着不站队就被孤立的局面，我们要么像个男孩或女孩，要么就是"不正常"。

我们从童话、电视、电影中，网络上，从日常生活的规范中，不断学习和规范自己的性别表演。在青春期，我们可能会担心自己"不够男人"或"不够女人"，很关注自己的容貌、身材、衣着，希望获得大多数人的认可。长大后，我们谈恋爱，甚至走入婚姻，一系列角色早已在曾经的生活中被塑造成型——我们从身边的女性身上学会了如何做一个女朋友、妻子、母亲。

西蒙·波伏瓦说，女人并非天生的，而是后天成为的。我们生来并没有本质的区别，但当我们日复一日地扮演女人这个角色，会认为女人就是我们的本质，我们的本质就是女人。不仅如此，在很多剧本中，我们还会过度认同关系里的角色，认为那也是我们的本质，比如女儿、姐姐、女朋友、妻子、儿媳妇、母亲、姥姥，连我们自己都忘了，**我们首先是自己。**

如果你可以演好一个女人，那么你也可以用自己诠释"女人"的含义——每个女性独特天然的样子就是女人的样子，我们忠于自己的活法就是女人的活法。当你为自己的身材感到焦虑时，当你不敢和男性争辩时，当你为平衡事业和家庭纠结时，记住，你只是在表演一个女人。

生命的意义不在于演好一场戏，而在于活出自己的样子，成为独一无二的你，成为一个人。

欲望的力量

一颗仙丹

小时候，奶奶跟我讲，月亮上的影子是桂花树下的嫦娥和玉兔在捣药。从此，每当看到月亮，我都想问问嫦娥：广寒宫冷不冷？你一个人寂不寂寞？

嫦娥奔月（常见版本）

最初，天上有十个太阳，大地荒芜、民不聊生，英雄后羿决心为民除害。后羿登上昆仑山，拉弓射箭，一口气射下来九个太阳。留最后一个太阳，按时升起落下。大家很敬重后羿，纷纷拜他为师。

后羿有位美丽的妻子叫嫦娥，她温柔善良、接济百姓。有一天，西王母送给后羿一颗仙丹，据说吃了这种仙丹可以长生不老。后羿将仙丹藏在宝箱中，结果被坏人知道了。这个坏人趁他不在，潜入后羿家中，想要夺取仙丹。嫦娥无力抵抗，情急之下一口吞了仙丹。

突然间，嫦娥的身体变得越来越轻盈，她飞了起来，飞到了月亮上。后羿回家见不到妻子，只见月亮上有个婆娑的人影。乡亲们思念嫦娥，于是在每年农历八月十五日晚上，摆上她爱吃的食物，望着月亮遥寄相思。

除了上述版本，还有两个流传较广的版本。一个版本是，嫦娥很自私，趁后羿不在，独自吞下仙丹，被惩罚与丈夫永久分离，从此天各一方；另一个版本是，后羿成为射日英雄后，出轨了河伯的妻子，嫦娥一气之下，吞了仙丹离开了后羿。

"嫦娥奔月"，是一则对小女孩的警示通言——不要品尝你的欲望。不管是情急之下吞下仙丹，还是自私吞下仙丹，抑或一气之下吞下仙丹，嫦娥的结局都是一样的：独自守在广寒宫数千年，与丈夫永久分离。为什么嫦娥吞了仙丹却没有好下场？因为女人不能追逐欲望。每当我们抬头望月，或在八月十五吃月饼时，嫦娥的故事都会被讲起，这些故事伴随孩子入梦，植入他们的潜意识。

有人说，一个故事而已，有那么大作用吗？请想一想"女强人"这个词给女性造成的影响。嫦娥奔月的故事告诫我们，女性不仅要学会分享，还要懂得忍耐和等待，如果一个女人独自吞下了"仙丹"，下场就是永世孤独。仙丹，可以理解为欲望，或者任何好的事物。故事的形成往往贴合了当时的社会文化，当时的社会要求女性牺牲、付出、舍己为家。

现代社会的女性已经可以轻松识别出这类隐性的说教，不再甘心做家庭的免费劳动力。即便如此，作为女性，我们还是有种似有似无的恐惧感。就像我在第一章提到的女孩的游戏，女性最害怕的是失去关系。如果自己的愿望会以失去关系为代价，那么很多女性就会犹豫、纠结、最终放弃属于自己的利益。困扰职场女性较深的一个议题是，如果大胆追逐自己的欲望，则可能因为是个"太强的女人"让男人有危机感，或者因为事业发展，不能成为"称职的妈妈"。相反，如果男性有事业心、不断进取、顾不上家庭，却往往会被视为积极上进的表现。

冒名顶替综合征

冒名顶替综合征是指一个人将自己的成就完全归因于好运气，否定自己的努力和天分。冒名顶替综合征常常出现在高成就的人群中，他们在内心完全不相信自己的能力，即便周围的人不断肯定他们，他们依然坚信自己是个"骗子"，终有一天所有人都会发现自己一无是处。这类人可能有大量非理性的自我否定与贬低，常常处于惶恐的情绪之中。

我自己就有过相当长时间的冒名顶替感，总觉得今天自己取得的全部成绩都是假的，不过是运气好，每次都刚巧获得一个机会，得到好人帮助。每次有人跑过来跟我说"啊，晓韵，我好喜欢你呀"，我都觉得人家是出于善良和礼貌，**无法从内心确认自己的好**。虽然我经常演讲、给咨询师们讲课，我自己却常常陷入恐慌，总认为必须做好 100% 的准备，假如我对别人的某个提问回答不上来，那我就是个假专家，我凭什么站在台上跟别人胡说八道？自己不过是个彻头彻尾的骗子。

有一次，我鼓足勇气，像忏悔一样对我的分析师说出了内心的害怕，以及藏得很深的羞耻感。那之后的某一天，我突然冒出一个想法：如果我是另外一个人，认识了一个像马晓韵这样的人，我会不会觉得这个人还挺有趣的？会不会想和她做朋友？会不会喜欢这个人呢？答案全部是 yes（是）。用这种倒推的方法，我至少在思维上相信自己还不错。至于从情感上全然接纳自己，大概还要很多年吧。

确切地说，冒名顶替综合征并不能称为心理问题，它并不是符合病理学诊断的疾病，可别对照着它的描述给自己"找病"。它是一系列社会文化、性别偏见等环境影响的结果，改变它也不应该只由个人努力，而要靠整个社会参与。女性是否可以安全地、放心地追逐自己的欲望，取决于我们营造了一个怎样的环境，是否能让女性相信自己是好的、值得的。

请不要对一个人说"你患有冒名顶替综合征"，然后给她提供一堆解决方案，诸如写下自己的优点、对着镜子自我肯定等。这只会让女性更觉得是自己不好，还在理性上要求自己不能这么想，反而加重了思想上的负担。就像经期紧张综合征一样，一个名称的创立如果不能帮助人们更好地应对这类问题，只是徒增焦虑，那么它可能没有存在的必要。

主体的欲望

精神分析主体间理论认为，当一个人提到"我"时，这个我就包含了意识和无意识的内在经验的总和，涵盖了一个人的感知、情绪、经验、行动等，也就是主体性。女性首先需要是一个主体，然后才能谈主体的欲望。比如，我是一个妈妈，我希望孩子考上好大学。这时你并不是主体的你，你是别人的谁谁谁（客体），那么这个欲望不是你作为一个独立个体的欲望，而是作为孩子母亲的愿望。在安全的环境中探索"我是谁""我要什么"，可以帮助我们更了解自己的欲望。

欲望是需要被看到和被肯定的。如果欲望不被认可，又会发生什么情形呢？比如饥饿的孩子看向面包，如果此时抚养者面无表情、毫无反应，那么孩子就会对自己的欲望产生质疑、动摇，进而否认或压抑对面包的欲望。所以，欲望不仅要被自己觉察，还要表达出来让他人看到。表达欲望对男女都很困难，我们总是很期待对方可以不用说就能猜到我们的心意，然后替我们说出来或者直接满足我们的欲望，这种期待不知道损害了多少关系。每个人都是如此不同，有时，我们清楚表达了，对方也不一定全懂。我们需要不断表达，不断沟通，不断澄清，不断换位思考，不断理解，才有可能包容、接受、真实地爱。

欲望，要大胆提出来。小时候被问长大了想干什么，我的回答是："卖！蛋！糕！"蛋糕那么好吃，拥有一堆蛋糕该多幸福，这就是小孩子的"我的欲望"。很多女性可能会羞于讲出自己的欲望，比如谈钱。钱，永远不仅仅是钱，它有时可以代表自我价值。

莉莉经营了一家网络设计公司，几年下来，她的公司风生水起，还开了分部。但是，莉莉却从未提高过自己的收费。细问下来，莉莉觉得谈钱很不好意思，每次都是话到嘴边又咽了回去，担心客户拒绝，或者失去生意。

后来，莉莉改变了谈判策略，她会先准备专业数据、资料、图表，向客户介绍自己的设计可能为对方带来的实际经济效益，因此她需要多少收费（之前的两倍）。令她大吃一惊的是，客户不仅爽快地答应，还为她介绍了新的客户。

清楚自己的欲望，理直气壮地讲出来自己想要什么。因为，你就是很好，你真的值得。随着欲望的生长，主体性的力量铺展开来，这是一种由内而外的改变。**"我要这个"，因为"我"值得。**

维护你的边界

温柔的海风、摇曳的椰子树，阳光灿烂的沙滩上，小琳在和朋友享受着愉快的假期。"叮咚"，小琳抓起手机看了一眼，然后一骨碌从沙滩椅上爬起来。朋友被她吓了一跳："出什么事了？"小琳顾不得跟朋友解释，边走边撂下一句："我先回房间了。"腿上挂着细沙，皮肤被晒得红红的，小琳咚咚咚跑回房间，拿出电脑修改工作方案。老板的一条信息让小琳的假期完全泡汤，一直到晚上，她都在视频会议上和同事、客户沟通。打完最后一通电话，小琳疲惫地倒在床上，这才意识到自己还没有冲澡也没有吃饭。这样的假期太难了！

学会说"不"

边界感，很重要。我们常说"家和万事兴"，似乎一家人就要和和气气，不起冲突。为了这个"家和"，有时需要付出忍让，有时可能意味着委屈压抑。我们又常说"孩子小，不懂事"，习惯于替孩子做主。在这些观念的影响下，建立、维护边界感变得很难。

小琳不仅休假时会被叫去工作，平时也需要替老板做很多杂事，她并不享受这种状态，只是因为无法说"不"。作为老板的助理，小琳不仅要帮老板安排日常会议、写报告、做 PPT、预订行程，还要帮老板接孩子、带咖啡、取快递、陪客户，最离谱的是老板家装修也交给小琳盯着，装修公司扯皮，小琳就要重新找施工队。这一切，和小琳 5000 多元的月薪完全不对等，她竟然在这家公司工作了五年。

小琳的父母都是老师，对小琳从小要求十分严格，写作业都是盯着一笔一画写。小琳从来不能锁门，也不可以拥有私人时间。有一次她把写有心里话的本子放在一个带锁的抽屉里，妈妈找来锤子直接把锁砸断。小琳说，从那以后，她再也没想过写日记，难受都闷在心里，久而久之也习惯了。小琳的妈妈自己在儿时被送养，十分缺乏安全感，如果爸爸下班不马上回家，妈妈就会变得暴躁不安，并且不断给爸爸打电话，妈妈与爸爸经常为下班时间吵架。小琳知道，自己不可能违背母亲的意志，不管是吃饭、学习、生活习惯，还是高考报志愿、选专业、毕业找工作，她都按照父母的意愿进行，从未想过说"不"。

边界是安全感的重要保障，一是因为边界带来稳定，二是由于边界使人放松。你可以想象一间屋子，屋子有墙壁、天花板、地板、门、窗。这些设施都牢固稳定时，你在这间屋子里待着会感到熟悉、习惯、放松。但是，想象一下，如果这间屋子的墙壁是移动的，一会儿挤向你，一会儿又无限扩张，你会有怎样的感受？至少是不放松的，因为你的大脑需要不断适应变化的环境，无法形成周期性的调节。小琳的家长就像这么一间过度挤压且不断变化的屋子。如果家长严苛但边界感清晰，孩子尚可以获得一些确定感，但如果父母对孩子的要求变来变去，无法统一奖惩标准、家庭规则，孩子就会时时处于危机状态，小心翼翼，无法拥有安全感。

小琳和老板的关系，是她与父母关系的重现，外人看着可能都替她着急："他都那么压榨你了，为什么不离职"，可是小琳就是做不到，因为她从未被允许说"不"，也没有体验过说"不"带来的好处，即便道理都懂，她依然做不到。在心理咨询中，小琳也经常不守时，甚至无故取消、缺席，咨询师跟小琳谈到边界感时，她很惊讶，原来还有边界感这种东西。心理咨询的周期性、稳定性设置帮助小琳体验到了边界的作用。

有一次，她兴奋地准时出现在咨询室，一坐下就说"你猜怎么着？我说了！"咨询师表示很有兴趣听她讲，小琳接着说："周五下班时，老板通知我周六加班，我以往遇到这种情况都会乖乖地去上班，即使全公司只有我一个人。这次，我对老板说'周末加班啊，我可能要晚点到'，他说'没问题，周末嘛，晚到啥时候？'"小琳突然停住，笑眯眯地看着咨询师。咨询师问："晚到啥时候？"小琳绽放出大大的笑容："周一！"小琳和咨询师笑得前仰后合。从那之后，老板再也没有要求小琳周末加班，反而体恤地给小琳涨了工资，还不停跟她说公司未来前景光明，希望她可以长久待下去。

允许愤怒

边界感被侵犯，我们的第一反应是愤怒。这是因为作为哺乳动物的我们，需要保护自己的安全领域。这一点，你家猫比你做得更好。领域意识极强的猫科动物，一旦遇到陌生猫，第一反应不是忍让退缩或热情迎接，它们大多会拱起背、竖起毛、四肢立起来，口中可能还发出低吼。这是哺乳动物边界被侵犯时的共同反应，很多紧张焦虑的人，会时常肩颈僵硬酸痛，这是因为身体处在应激状态下，背部的肌肉会保持紧绷状态，有意识地放松肩颈可以帮助我们恢复到舒适状态（下一章的放松练习有详细介绍）。

愤怒是一种正常的人类情绪，它提示我们正在遭受威胁、屈辱和潜在的伤害。然而，在一些人眼中，女性的愤怒却是夸张的、不文明的，需要被加以遏制的。我们可能有意无意地认为，愤怒是不得体的，是有损"女人味"的。在家庭、学校、工作中，甚至在世界舞台上，愤怒都被用以加强"男子气概"，男性会因为愤怒显得更有雄性气质，女性则因为愤怒被扣印象分。

允许自己愤怒，可以帮助我们释放潜在的力量。研究表明，能恰当表达愤怒的人更具创造力、更加乐观，也更能享受好的关系。有人说女人愤怒容易苍老，容易生病。但我们从越来越多的数据和访谈中了解到，很多现代女性高发的疾病（如乳腺癌等）的确与情绪有关，但**并非愤怒使人生病，而是压抑愤怒使人生病**。或许，不允许女性愤怒的真正原因，不是愤怒的女性有破坏力（谁愤怒时没有破坏力呢），而是因为愤怒可以帮助一个女性**认真地对待自己**，也期待他人的认真对待。女性适当表达愤怒，可以让社会环境向更加尊重女性的方向发展。

职场性骚扰

在各种职场边界被侵犯的情形中，有一类性质格外恶劣，那就是职场性骚扰。在工作场所，以语言、动作等方式，或通过文字、图片、电子信息，实施与性相关的、违背员工意愿的行为，都可以被定义为职场性骚扰。

职场性骚扰包含了三个条件：（1）骚扰者实施了与性有关的行为，比如，发送相关图片、视频，讲黄色笑话，不必要的触碰、凝视等；（2）骚扰者利用职务或职权便利，比如，医生评价病人的身材、上司窥探下属的隐私等；（3）性骚扰行为违背了员工的意愿，受害者可能产生愤怒、畏惧等情绪。

性骚扰的内核往往不是性，而是权力（power）。利用工作或职务便利进行的性骚扰，往往是一种权力压迫。性骚扰带来的羞耻感常常使受害人敢怒不敢言。出色的工作和上进心，有时会让一些人产生不安、嫉妒，这不是你的错。当他人对你做出语言、动作、文字、图片、电子信息等方式的性骚扰，不管他出于何种目的，不要犹豫，拿起法律武器维护自己的权益。维护自己的边界，任何时候都十分重要。

勇于说"不"。很多时候，职场性骚扰的持续，缘于受害人害怕说出去会遭到报复、丢掉工作。很多公司在实际操作中也会抱着"息事宁人"的态度，甚至诬陷受害人"精神不正常""撒谎""故意制造事端""为了名利"，抹黑受害人、转移视听。维护职场安全、安心的办公环境和氛围，我们需要及时发现、拒绝、报告被骚扰的情况。大部分对性骚扰合理合法的应对方式，都既可以保证我们继续工作，还能营造更加平等的工作环境。如果你或身边的人受到职场性骚扰，请保持冷静、保存证据，维护自己的合法权益。

成为自己

我有个女性朋友，家里有三个孩子，每次公司的人介绍她，都会说"这是三个孩子的妈",这个标签和她如影随形,即便她已经成为海外部主管,别人对她的印象依然是三个孩子的妈。很多女性能力优秀、工作出色,却总被以"谁的谁"来标识(某某的老婆、谁谁的女儿、张三的妈妈、李四的姐姐等),这种称呼反映了我们集体无意识中将女性放在客体的、从属的位置。

《诗经·小雅·斯干》记载:乃生女子,载寝之地。载衣之裼,载弄之瓦。无非无仪,唯酒食是议,无父母诒罹。意思是,生个女孩,让她睡到屋角地边,给她穿小小的襁褓,找来陶制的纺锤给她玩,愿她不招惹是非,不沾染邪气,每天围着锅台转,给家人安排酒饭,知理知法不给父母添麻烦。可见,很多女性生下来就被放在了次要的位置。

依附心理

很多女性常常会产生"**依附心理**",即**希望依靠别人(往往是男性)成就她自己**。你可能会以为这样想的女性大多是全职主妇或受教育水平不高的女性,事实上,她们中很多都受过高等教育,在职场也有很不错的成绩。只是,她们一旦进入关系,就会**有意无意地将自己放在从属的位置**。

比如，某公司高管 A 女士，事业上升期的她担心自己太优秀会让丈夫"没面子"，时常给丈夫介绍一些资源，希望丈夫的职务和薪水都能超过自己。再比如，B 女士本来可以留在高校任职，当年父亲的一句"女孩子不能离家太远"让她回老家当了一名中学教师，结婚后她非常渴望生一个男孩，总幻想着：有了男孩，父亲就会喜欢她。再比如，做猎头工作的 C 女士总觉得男友不会规划自己的职业生涯，想尽办法让男友从原来的公司离职，又给他安排了一份她认为有前途的工作，但是男友并不喜欢被安排，生性自由的男友也没想过结婚买房，C 女士每天痛苦万分，她觉得只有男友好了，自己才会好，未来才会好。

依附心理的产生可能有着错综复杂的渊源，过去，女性受"男主外，女主内"观念的影响，生命的重心多放在家庭中；现在的女性普遍受到了良好的教育和相对平等的对待，关于世界和自己都很有想法和主见，也不乏独立生存的能力，但是，她们中的有些人对事业发展总有隐隐的担忧，就像荡秋千，荡得越高内心就越惶恐。由于缺少女性榜样，她们对女性的身份认同是摸着石头过河，在摇摆不定的青春里夹带了各类成长创伤，艰难地寻找着安身立命的归属。

在焦虑中，女性可能会找寻一些范本，从电视剧、小说里，从某个女性朋友、女性长辈那里获得启发。统计 1992 ～ 2011 年国产电视剧里男女的职业：男性的职业多为出身贫寒的大学生、文员、教师、出租车司机（1992 ～ 1998 年），高管、富豪、富豪继承人、房地产商、企业主管、官员、律师等（1999 ～ 2011 年）；女性的职业则一直没有改变，以文员、教师、普通白领、空姐等辅助性工作居多。这可能让人产生一种错觉，只有这些辅助性的职业才是女性能做的。近几年，很多电视剧将女性角色作为主体搬上荧幕，也开始有了女性高管、律师、医生、咨询师等，这是社会进步的表现。

学会挖掘自身的能量

认识安（Ann Carroll）之前，我一直以为 70 岁以上的女性就可以安享晚年，不必再努力了。但是，安彻底颠覆了我的认知。

80 岁的安，有着孩童的笑容、自然的盘发、灵动的眼神和精妙的思想。因此，我必须搬出这位闺蜜的故事（没错，我俩是好闺蜜）来告诉你：**女性不是问题，而是解决之道。**

1942 年出生的安，成长于一个严厉的家庭。19 岁时，她带着对古典哲学的浪漫热情，从美国奔赴欧洲，攻读慕尼黑大学的哲学博士学位，研究从马丁·海德格尔的角度看西方哲学传统中时间、存在和价值的问题。她是当时慕尼黑大学哲学系唯一的女生。她说，那时候在巴黎，你可以参加萨特的晚间讲座，或者在咖啡馆与西蒙娜·波伏娃相遇，在这样一个蓬勃的文化氛围中，她努力研习着自己的专业。

安的第一任丈夫是个花天酒地的英国人，隔三岔五就会惹出事端，安为此受尽委屈。27 岁那一年，她怀孕并生下了第一个孩子，这个孩子提前了两个半月降生。安就是在这两个半月的时间里完成她的博士论文的。各种哲学文本散落在她的产床上，丈夫完全不知去向，她抱着襁褓中的儿子，沉浸在巨大的毕业压力之中。安说，她第一次意识到，海德格尔、康德、黑格尔或亚里士多德，他们没有一个人了解成为女人意味着什么，没有一本书教给她如何母乳喂养，她的困惑应该作何解答。

就在这样的绝境中，安向内探索，开始挖掘自身的能量。顺利毕业的她，带着儿子，以及丈夫和其他女人所生的孩子（这些孩子的生母拒绝照料她们的孩子）回到美国。彼时的美国正处于妇女解放运动中，凯特·米利特（Kate Millett）刚刚出版的《性的政治》让安感到巨大的震撼，似乎在一夜之间，曾经毫无疑问的父权制范式在安和许多女性心中被颠覆了，女性意识的觉醒带来了一波又一波的冲击。安最终与英国丈夫离婚，并将四个孩子抚养成人。

如今，她和自己的丈夫奇克（Chick）居住在缅因州自己搭建的小木屋里，每周末都会跟子女及五个孙辈相聚。她为自己建造了冥想禅室和心灵花园，我在她家住的时候，清晨去园子里摘新鲜的番茄、苹果直接佐餐，她练一会儿太极再打坐。安参与翻译了《道德经》《易经》等中国哲学作品，我们总有聊不完的话题，常常一个想法碰撞出另一个想法，滔滔不绝，我们每次坐下来之前需要上个闹钟，免得聊忘了时间耽误接下来的事。

安的经历，凝缩了很多历史重大事件，她的故事证明，**女性不管处于何种境遇，都拥有绝处逢生的力量**。看到女性在职场、家庭、关系中有意无意地收起自己的锋芒、隐藏自我力量，是十分遗憾的。安在帮助我修改博士论文时（机缘巧合，当时我也只有两个半月完成自己的博士论文）为我写了一段话，我想把这段话献给所有挣扎于女性身份认同、角色定位、内外平衡与矛盾的女性。

对于中国女性来说，一起坐下来思考这些女性议题的时机已经成熟，这是一个改变人生、改变世界的历史性时刻。"女性帮助女性""女性创造""女性提供解决之道"这些非常现实的问题，为伙伴关系社会创造了可能。在这样一个社会里，个体可以接受并成为真实的自己，人类关系可以通过自发的尝试开花结果。(The time is ripe for Chinese women to sit down and think together about the issues introduced in this dissertation. It is a life-changing and world-changing moment of history. A significant part of that is "women helping, women creating, women solving" their very real problems, thus providing a partnership society in which the individual can be accepted as who they truly are, and human relationship can flower through those attempts.)

第五章

疗愈

在了解自己、拥有爱与工作的能力后，我们可以更清晰地认识"女性"的内涵。在这一章，我用女性主义认识论的观点，带给大家一种新的思考世界的角度，这些内容对帮助我走出既定的人生脚本帮助巨大，也帮助我的很多来访者重建了自我。语言、绘画、音乐，为我们提供了丰富的自在空间，请随我一同开启通往幸福体验的旅程。

语言是礼物

如果知道自己生命旅程的全貌，你是否还会真诚拥抱每个瞬间，欢迎每一种际遇？

电影《降临》是个怎样的故事

维特根斯坦在《逻辑哲学论》中说："我的语言的界限意味我的世界的界限。"可见语言对于一个人的重要性。当我们使用一种语言时，思维、想法、习惯甚至人格，都可能受其影响。影片《降临》深刻地演绎了语言的奥妙。

第一次看《降临》时，我注意到它的标签是"悬疑"。也难怪，故事玄妙地绕了个弯，很多人看到最后也没有完全明白怎么回事。如果你还没看，这是你最后一次不被剧透的机会，快！去！看！

线性叙述

露易丝（Luise）是一位高校的语言学教授，有一天她上课时接到紧急通知，世界多地出现了来路不明的巨型飞行物，这些巨型飞行物引起了人类的恐慌和猜测。为了弄清楚这些外星生物到地球来的目的，作为语言学专业的领头羊，露易丝被带去巨型飞行物所在的临时基地。在飞机上，她碰到了物理学家伊恩（Ian），伊恩用了露易丝书里的一句话和她搭讪："语言是文明的基础，是聚拢人们的黏合剂，也是冲突中使用的第一个武器（weapon）。"伊恩不同意这一观点，他认为人类的基石是科学。

露易丝和伊恩用了各种方法，尝试和外星生物建立联系，弄清楚它们来地球的目的。他们发现，在不明飞行物的内部，有重力、氧气等人类必需的存活条件，但这不是外星生物需要的，而是为人类准备的，等于外来生物为我们搭好了台子，等着我们过去坐着喝茶。外星生物像是大号的墨色章鱼，科学家们叫它们七肢桶。一开始，露易丝试图通过语音理解对方，但发现行不通。接着，聪明的她用了一个最原始的办法，写下来。通过在白板上写字，七肢桶开始在玻璃幕布上喷出环形的水墨符号。这让科学家们的工作有了眉目，这个时候，各国的科学家依然保持着密切的联系，为了共同的目标通力合作，延续着科学的友谊关系，随时共享彼此的信息和进展（上文讲的伙伴关系模式）。科学家们发现七肢桶的语言有几个特点：

- 语言的发音与书写没有关联；
- 文字包含了巨量的图像信息；

- 语言不受线性时间的限制。

七肢桶在一秒内写出的含义复杂、信息丰富的段落（环形墨迹），人类需要花一个月的时间才能做出简短的回应。

与此同时，世界各国都在用自己的思路对七肢桶的语言进行破解。时间越来越紧迫，语言学家们还是无法破解全部的信息，事不宜迟，露易丝必须问出那个关键问题：你们来地球的目的是什么？七肢桶回答：offer weapon（直译为提供武器）。这一下引起轩然大波。"武器"（weapon）是美国科学家用英语翻译的，但如果翻译成"工具"（tool），意思就从敌对变成了和平。这个地方再次证明了露易丝的观点，语言是冲突中使用的第一个 weapon。

露易丝和伊恩想要进一步弄清楚 offer weapon 的具体含义，七肢桶引导露易丝用双手画出了它们的环形文字，七肢桶随即做出了回答，喷出了海量的环形信息，这些信息成立体几何状分布。原来，这个小小的翻译不准确，将七肢桶的目的完全曲解。七肢桶提供的不仅仅是工具（tool），其实还是礼物（gift）——七肢桶的全部语言。即便露易丝拼命解释七肢桶提供的是它们的语言，此时的人类还是没能理解，为什么语言就是礼物，你送给我你的"家乡话"干啥。

由于信息共享中断，科学家获得的新进展无法传达到其他地方。情急之下，露易丝只身进入外星飞行器，通过和七肢桶对话，彻底掌握了外星语言，也就看到了未来，凭借对于未来的"回忆"，她及时阻止了情况恶化。信息恢复共享，各界科学家们将各自搜集的语言信息互相交换，人类再次进入**伙伴关系模式**，友好、协商、合作、共赢，不再墨守成规，为共同的将来携手努力。

科学家们用了很多很多年学习七肢桶的语言，这使得人类有了取之不尽用之不竭的资源。当然，七肢桶这么做，是因为 3000 年后，它们会需要人类的帮助。露易丝和伊恩结婚，生下了女儿汉娜（Hannah），露易丝早就预料到女儿会患上罕见疾病而早逝，伊恩无法接受露易丝明知这一切会发生还把汉娜带到这个世界的做法，两人分道扬镳。汉娜跟着露易丝长大成人，露易丝尽心尽力地照顾到她生命最后一刻，接受她的死亡。

言语相关性

第一次看这部电影，会以为露易丝是被外星人赋予了神奇超能力，可以预知未来。其实，只要条件允许，我们每个人都可以拥有露易丝那样的"超能力"，这就涉及一个语言学现象——言语相关性（language realitivity）。《降临》改编自华裔作者特德·姜（中文名姜峯楠）的小说《你一生的故事》，和电影一样，小说在故事展开的过程中，不断插入露易丝和女儿相处的瞬间、独白。整个故事采用了环形叙事：露易丝不断在这个可以同时看到过去、现在、将来的思维中，经历汉娜一生的故事。每一个细节、每一瞬间的体验，在她心里循环播放，周而复始，这也是汉娜这个名字的含义：回到我身边（Come back to me）。

撒皮尔（Sapir）1949年提出了一个假设，使用不同的语言，思维方式也会跟着发生变化。这个理论后来又发展出两个部分：言语决定论和言语相关性。言语决定论聚焦于使用不同语言会影响思维方式；言语相关性关注使用不同语言会使认知习惯发生改变。有没有发现，你在说英语时，人格会与说中文时略微不同。我对此深有体会。我接受了7年的高频精神分析教育，全程使用英语，可以说，我说英语的那部分人格已经分析得差不多了，但是说中文的这部分人格尚有待发现的角落。同时，我发现自己说英语时更主动、更活泼、更容易关注细节，而切换成中文，我会自动变得更守规矩、更喜欢关注总体。

露易丝并非成了超人，她只是学会了一种语言，这就是七肢桶给她的礼物。这使她具备了外星生物的思维方式和认知习惯——非线性的。我们会在一天中体验早、中、晚，讲一件事会从过去、现在讲到未来，我们现在使用的语言使我们沿着一条时间线从始到终。但七肢桶的语言是在一瞬间完成时间线上所有的信息，这是一种非常不同的思维方式和认知习惯。现在，我要再次问你，如果知道自己生命的全貌，你是否还会真诚拥抱每一个瞬间，欢迎每一种际遇？

非常难。想象一下露易丝，她每时每刻都知道时间线上所有的事，但她的人生还是按照时间线一如既往地过下去，她降临在每一个瞬间，这些瞬间在她脑中循环往复，这是七肢桶的思维方式。她知道自己会生下一个女儿，女儿会得一种罕见的疾病而死去，但这个过程她无法改变。她是否还会选择怀上女儿？抑或，她知道爱人会离开自己，是否还会开始这场爱情？露易丝的选择，是尽情拥抱每个瞬间，欢迎每种际遇，这是七肢桶的认知方式。露易丝能做这样的选择，因为学习语言的过程使她具备了这样的人格，她可以将这一切看作一个圆，用心体验并拥抱每一个甜蜜或痛苦的瞬间，接受所有的惊喜和失去；伊恩不能，他是地球人的线性思维和认知方式，他想阻止事情发生，他想要逃避痛苦。

那么，说中文的我们，是否也拥有语言赋予我们的礼物呢？请看图 5-1。

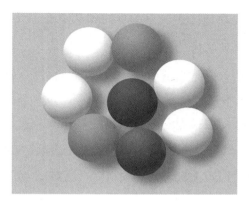

图 5-1

你可以很快数出图中有几个球，因为你的语言中有 1、2、3、4……但是北印第安人部落的霍皮人就做不到，因为他们的语言中只有 1、2 和许多。再比如，英语中表达蓝色的只有一个词（Blue），俄语中有四个词可以表达不同的蓝色，中文中则可以将蓝色区分为群青、靛蓝、藏蓝、宝蓝、蔚蓝、碧蓝、湖蓝、蓝灰等。这么一来，各国人民形容彩虹的用语就非常多样。

中文——母性的非线性语言

如果你也希望像露易丝那样拥有非线性语言思维习惯，那么恭喜你，会读写中文的你已经具备了掌握它的基础，你只是需要学会运用这样的思维方式和认知习惯。

我们的祖先在龟壳上刻字，用来祭天并记录下重要事件。从甲骨文到金文再到今天的汉字，我们的文字经历了千年的锤炼演化，承载了远古时代的信息与精神传统。学过英语的你可能有这样的经验：看到英文单词 Book，即便不认识，你依然可以根据它的发音规律读出来，这是因为英语是一种表音文字，它的写法和读法紧密相连，会读就会写，很多时候会写也就会读。中文就大不相同，与其说我们在写汉字，不如说我们是在画汉字。汉字具有极丰富的视觉信息，即使看到不认识的字，往往也可以通过偏旁部首推断出这个字的意思，汉字是表意文字。这些刻画在龟壳、岩壁、石头、竹简上的"图画"（图 5-2）被一再简化，直到形成我们今天使用的汉字。

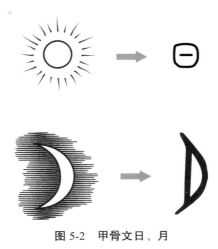

图 5-2　甲骨文日、月

如果真有七肢桶那样的语言，我们中国人可能会第一个破解出来，为什么？因为汉字和七肢桶的语言具备相似性：语言的发音与书写没有关联；文字包含了巨量的图像信息；语言不受线性时间的限制。我们看古诗，"空山新雨后"，每个字都有自己的含义（发音书写无关联），每个字都代表一句完整的话——空就是空，它的字形就表达了它的含义。空与山相连后，含义就变得丰富，空山新雨则构成了完全不同的一个意向群落（图像信息），你看着这几个字，就能在脑中呈现出画面、场景，甚至会对场景中的每一个细节产生感觉体验。诗句中没有线性的叙述，只有一种临在的状态，这个状态可以是过去、现在、将来任何一个时间点的体验，而且可以循环往复地感知（非线性）。由此，我们可以通过读一句古诗，一次又一次地感受诗人那一刻所体验的意境。

古人恰恰是在使用中文时，阳刚与阴柔相得益彰。不需要思考就知道的东西是潜意识知识，这种知识是抚养者在婴儿最初几个月，在非语言的状态下传递的：通过声音、画面、接触、气味，婴儿的情绪被转换为一种体验储存在身体之中，长大后，相似的情境下这种体验就会被自动唤起。一个男子可以写下"感时花溅泪，恨别鸟惊心"这样柔美的诗句，一个女子可以写出"生当作人杰，死亦为鬼雄"

这样荡气回肠的话语。这些文字穿越了时间，每次看到它们，都能如身临其境般体验到作者那一刻的感受。这就是潜意识的交流在起作用，因此，中文是母性的（maternal）。

你可以把《降临》这部电影看成是一群外星球的语言老师，到地球来给学生上课。老师们花了几个月的时间跟这些学生交流，最后通过在纸上画画的方式教会了学生们语言的基本特点。老师们不厌其烦地教学生，但是因为思维方式的不同，学生误会了老师的意图，全员暴乱，要攻击老师，老师只能留下所有语言教材，希望有人能够尽快掌握语言，学会像他那样思考。露易丝最早学会这门语言，掌握了老师的思维，她帮助人类进入一个伙伴关系大发展的时代。人类拥有了外星生物的思维，也就拥有了外星先进的文明。在时空中同时发生的事情不只是偶然，各种客观事件和观察者的主观状态之间有着相互依存的关系，这便是荣格所说的"**共时性**"。

《道德经》等古典哲学提供给我们的，是超越时间的母性智慧——阴阳转化、事物对立平衡，都是自然而然的事。懂中文的我们需要做的，就是潜入自己古老的语言，学习古人的认知方式，从无常中找到一种心灵的安宁。偶然性早已在人生这场游戏中被设定，如果我们去拥抱每一个瞬间，欢迎每一种际遇，可能会拥有前所未有的体验。

身心连接

如果要我推荐一个适合大多数人的心理呵护方式，那就是放松训练。向内寻找，为心灵营造一个安住的空间，方能处乱世而不惊，自然而然。

在这里，我为大家准备了几段不同情境中的导语，大家可以自行在放松的音乐中进行放松训练。

准备工作

有条件的话，可以选择安静无打扰的空间，找一块舒适的垫子，坐在上面，双腿交叉或自然垂放（如果你可以盘坐更好，不能也完全没关系），双手放在膝盖上；或者躺着，双肩松弛下来，双手放在身体两侧。

如果没有条件坐或躺在垫子上，你可以随便找个地方安然地坐下，双手放在自然垂放的双腿上。

整个过程中，你都可以随时活动四肢，以便将自己调整到更加舒适的状态。

呼吸

采用腹式呼吸法。你可以将一只手放在胸口，一只手放在下腹部。如果在呼吸时，放在胸部的手明显感到起伏，则表明是胸式呼吸；如果是放在腹部的手明显感到起伏，则是腹式呼吸。呼气时，气息尽可能缓、慢，最好可以比吸气的时间长一点儿，同时感到腹部因呼气自然收回。不要急着吸下一口气，停顿一下，然后再继续吸气—呼气—停顿—吸气—呼气—停顿。

腹式呼吸对调解身心、缓解压力非常有帮助，可以多加练习。

时长

放松练习时间可长可短。如果你能每天花上 10 分钟，坚持下去，就会有很大收获。有人说，这还不简单。放松练习看似简单，难在坚持。我自己做过实验，第一周比较轻松，第二周开始由于各种原因无法坚持，第三周就开始出现更多空缺。我们可以尊重自己的惰性，设定一个最低限度，比如每周两次或三天一次，只要保持同样的频率，就会有收获。

建议初次接触放松练习的你，可以每天拿出 10 分钟，这个

时间完全是你自己的，任何人、任何事都不能在这 10 分钟
内打扰你（包括你自己）。

轻松入睡

睡眠是调节身心至关重要的一环，高质量的睡眠可以让我
们轻松愉悦地开启一天的生活，同时保证我们有充足的精
力应对日常工作的各项压力和挑战。每个人都希望拥有好
的睡眠，不过每天晚上都有无数人躺在床上辗转反侧、难
以入睡。失眠的原因可能有很多，从心理学的角度讲，夜
晚入睡前是我们与自己独处的时间，白天那些忽略的、压
抑的情绪，让我们困扰和焦虑的事件，都会集中在这段时
间呈现在脑中，使你难以入睡。接下来的这段练习，将带
你逐渐抛开杂念，将身心调整到入睡的最佳状态。

深深地吸气
缓缓地呼气
用身体感受
逐渐放松

保持这样均匀的呼吸
如果闪现想法或片段

不需要刻意

继续保持呼吸

任由想法来、去

持续将注意力放在呼吸上

将呼吸带入你身体的局部

可以在某处停留足够久

达到完全放松再进入下一个部位

放松你的额头、眼睛

放松你的面颊、下巴

保持均匀的呼吸

放松你的脖颈

放松你的双肩

自然松弛地舒展肩颈

继续放松胸部、腹部

放松背部、腰

保持均匀的呼吸

跟随呼吸放松左侧大腿、膝盖、小腿、脚踝、脚趾尖

放松右侧大腿、膝盖、小腿、脚踝、脚趾尖

在均匀的呼吸中
去感受从头顶到脚趾尖的全身放松

连接身体

身体与情绪是不分割的，情绪上的波动很容易引起身体变化。当我们出现情绪不适，可能会习惯压抑或忽略它，以便继续工作和生活。但压抑的情绪不会消失，它会转换成身体上的感受向我们发出警示。比如，胃就常常被称为人的第二个脑，胃对于情绪变化的响应力非常敏锐，胃酸、胃痛、胃胀气经常是由情绪变化引起，还有一个直接与情绪有关的疾病叫作肠道应激综合征（IBS）。当我们可以与身体保持连接时，也就能随时知道自己的身心有哪些不良变化，从而更好地及时调节。快节奏的生活让我们脱离了自然，而鸟鸣永远比车笛的嘶吼更适合我们的身心。下面，我们一起通过一段想象训练，为自己的身体"岛"创造一段自然之境，你随时随地可以闭上眼睛，抵达这里。

你看，前面有一座山，层层叠叠的树木装点了并不巍峨的山峦，让它的曲线稳健中透着柔和；你听，有一段溪流正从山上缓缓地流下来，水穿过大大小小的石块，或急或缓，每一处的声响都不相同，听久了，那溪流可以流进你心中；

你闻，山野间湿漉漉的气息混着刚刚开放的花的香气，扑鼻而来，深深吸一口气，让清新的气息灌满你的身体；你的舌尖，仿佛舔到一种甜味，这是自然之境的馈赠，你的面容舒适，嘴角微微上扬；你伸出手，触摸新长出的叶片，每一片都充分接收着阳光的滋养。在这里，你可以自由地、充分地打开心胸，恣意玩耍。

过了一阵子，你依依不舍地跟这里告别。你知道，不管你在做什么，只要你需要，随时可以回到这里，在自然的怀抱中享受当下。

放松练习不仅可以帮助人减缓压力、释放情绪，还能够增强人体免疫力、缓解疼痛，改善大脑神经质地，让人拥有更好的专注力和更高的工作效率，能够更轻松地与人交往。贵在坚持，如果你坚持做一个月的放松练习，相信你会明白我所说的。

语言的尽头是艺术

2013 年的秋天，我在圣彼得堡的美术馆闲逛，被一幅幅画作深深吸引。我取消了当天的行程，让自己完全徜徉在这些画作中，因为我知道，再厉害的相机，都无法记录原作带给我的震撼，我只能用双眼去体验，用身心去经历这个当下。

语言的尽头是艺术。对我来说，伊凡·康斯坦丁诺维奇·艾瓦佐夫斯基（Ivan Konstantinovich Aivazovsky）所画的海洋，最贴合我对海洋的体验，那象征着无序、混乱、黑暗潜意识的波涛，那些经历暴风骤雨后，紧紧抓住桅杆奋力求生的人物。看久了，画作好像会动，好像能听到海浪的声音和人们的呼喊声。这个穷尽一生画海洋的人，用艺术手法将神秘莫测、阴晴多变的大海带到我心里。

不同于很多突出人类力量的艺术品。伊凡的画作，总是把人的因素放在很小的位置，他可能在尽力还原大自然原本的样子。正因为人类在他画作中的渺小与无力，那种求生的本能和风雨后的阳光，才格外动人。世间诸多痛苦，谁都无法幸免。**我们不过是带着痛苦前行，在有限的生命中尽力而为**。

绘画知你心意

快节奏的生活总是要求人们保持清醒，内卷的氛围让人活得紧绷、僵硬。我和我的来访者们，经常会一不小心就跳入理智化的防御当中（通过理性分析压抑情感流动）。很多女性议题工作的困难，恰恰在于人们"脑子太好使"，更倾向用看书、参加课程、制订计划等方法解决问题。但是，大部分人都有这样的体验：懂得很多道理，依然过不好这一生。

人在还不会说话的年纪，体验就已存在，甚至胚胎都是有记忆的。如果我们的创伤、议题卡在前语言期（婴儿从出生到说出第一个真正有意义的词之前这个阶段），显然通过简单的对话，是无法表达、释放这部分情绪的。人会陷入一种"卡住"的状态，一碰到类似情境，大脑就一片空白。

那么，普通人如果不通过心理咨询，是否可以与深处的自我连接呢？可以的，答案就是通过艺术。艺术不会审查或扭曲，相反，它允许自由地表达与释放。艺术可以帮助我们很好的冲破**防御**的枷锁（防御本是用以保护我们的心灵免受痛苦的，但发展到一定程度又成为我们体验生活的屏障）。

图案、符号、象征，人类祖先在岩壁上涂抹的这些内容，是早在语言能够承载意义之前，就已经存在的沟通方式。当你久久伫立在一幅画前，总能通过这幅画体验到创作者想表达的东西，不需要语言的交流。我在埃及撒哈拉沙漠旅行时，当地的司机告诉我，这里的黑沙漠（the black desert）就是由千万年前地表喷发出的黑色火山物质形成，当时的人们用这些黑色物质做颜料，画出金字塔、神庙中的壁画，《一千零一夜》中就有这样的记载。站在白垩纪时期形成的白沙漠中，你可以随时捡到贝壳化石，沧海桑田，千年一梦。很多远古的印记早已通过绘画流转在我们眼眸之中。

现在，你可以跟我一起来一个绘画探索：拿一张白纸，用笔从左向右画一道直线。

好的，请看着这条直线，左端象征你生命的起点，右端象征你生命的终点。现在，请用一个点，标注出你现在的年龄在这条生命之线上的位置。接下来，请保持平稳均匀的呼吸，看着这条线。你有什么感受？想到了什么？

很多时候，当来访者跟我谈起久久不能做出的决定，或者迟迟无法推进的行动时，我会请对方在纸上画一条这样的线，问对方：请看看你剩下的生命长度，你打算如何度过余生？

通过绘画与自己保持连接，是一种非常简单实用的方法。感兴趣的你还可以通过搜索更多资料来学习不同的绘画疗愈方法，认识自己的方方面面。

音乐从未忘记

你是否有过这样的体验？曾经在某个情境下听过一首歌，

很多年之后，再次听到这首歌，曾经那一刻的场景、体验、感受一下子都涌了上来。语言可以被加工，音乐却不会忘记。音乐既是记忆还原，也是创作生发地，我经常邀请来访者带来他们所听的音乐，我们会一起体验那个当下的感受与情绪。

人本主义心理学认为，人本身具备发展、疗愈的资源，心理咨询需要提供的，是一个足够好的环境，允许来访者将情绪、感知、体验流露出来。与这些年广受传播的认知行为疗法不同，人本主义等心理流派主张咨询师不做或少做干预，更多地调动来访者的能动性。音乐疗愈的实质，与上述理念相似，通过旋律带动情绪自然流动，好过千言万语。

舞蹈不会说谎

语言不通，能否交流？绝对可以！我特别喜欢去语言不通的国家旅行，比如在只会五句俄语的情况下，去俄罗斯独行一个月。很多人会觉得这不是人人能做到的，事实上，你只需要通过肢体，就能够传递基本的意思。临行前，我紧急学了五句俄语，分别对应中文的：你好、是、否、谢谢、再见。超级路痴的我，问路的流程是："你好"，然后亮出要去地方的俄语名称，用手指着前面的路，对方会回答是或否，然后"谢谢，再见"。我们的语言，仅仅承载了 35% 的交流信息，其余 65% 的交流，靠的是眼神、动作、表情。

舞动疗愈被称为运动的心理疗愈。舞动疗愈师通过觉察来访者的动作、体验动作中的律动理解其心灵的动态语言。同样，少说多动，现在请用一个动作来表达你此刻的感受，可以是任何动作。然后，投入地去做这个动作，想一想，这个动作表达了你怎样的情感。关于舞动，我最喜欢的一句话是：生命的火花以动作开始，舞蹈通过这些火花，去点燃那些人们生活中将要熄灭的情感。

找个人聊聊

世界卫生组织在其章程中强调，健康是身体、精神、心理和社会福祉等全方位的健康，而不仅仅是身体没有疾病。

近些年，心理健康备受关注，根据《简单心理 2021—2022 大众心理健康洞察报告》的抽样调查发现，在使用心理咨询服务的人当中，女性占比为 77.25%，且大部分女性来访者呈现高学历、高收入等背景特点。这并不是说女性必须通过心理咨询才能获得个人成长。只是，每个人都可能有过不去的坎儿。当你处于相对困难的人生境遇时，找个专业的人聊聊，也许比独自忍受要容易得多，这也是爱自己的一种方式。

尽管心理咨询得到了普及推广，但有的人对于心理咨询仍然存在很多误解。

有"病"才做心理咨询

心理咨询师很可能会被问及下面这些令人崩溃的问题。

- 你猜猜我在想什么？
- 你可以通过催眠获取我的银行卡密码吗？
- 你是不是坐着聊聊天就能收钱？

做咨询师最初那几年，我每到社交场合，都要花不少工夫跟人解释心理咨询是干什么的，有时真想在脑门上贴个纸条："不看相""不卖药""不上门"。然而，这些年，每个月都有至少两三个人跑来问我，如何才能成为一名心理咨询师。做心理咨询师是一个孤独的职业，不能给朋友做咨询，也不能给朋友的朋友做咨询，来访者不能成为其他关系，这些保密规则设置让心理咨询师们需要有意无意地保持匿名性。

相比于前面几个常见问题，有个问题更让我担心，那就是"是不是有病才去做心理咨询"。病耻感在各种文化中都有根基，当人类不了解或惧怕一种事物时，我们更倾向于将它归为异类，排除在"我"之外。"神经病"这个词被广泛提及，但事实上，这个词和心理问题无关，它确切的含义是周围神经系统病变。

相比于承认自己心理有问题，人们可能更愿意接受是自己的身体出了毛病。过去我们经常听到一种病叫作"神经衰弱"（neurasthenia），它的症状包括失眠、焦虑、恐惧、抑郁、疲惫、注意力不集中、耳鸣、幻视、幻听等50多项。

这个名称其实早在1980年就因其含义过于模糊、庞杂而被《精神障碍诊断与统计手册》（DSM）删除，但直到现在，一些地方的医院还在使用它。神经衰弱这个词，单看字面有一种意志不够坚定、劳动产生疲惫的意味，似乎只要意志坚定、多休息，这种病就能痊愈。有人觉得，怎么这些年这么多人患抑郁症，是不是我们太脆弱了？其实，抑郁症在此前很少听到，只是被神经衰弱这样的词给掩盖了。疾病名称的演变，有时也会起到积极作用，比如，在某些国家就提出将精神分裂症更名为"统合失调综合征"，这对接纳与理解精神疾患显然是有利的。

心理咨询不是万能的

心理咨询是关于如何让来访者活得更好的。我们很多人都是连滚带爬才长大的，教育和理智让我们具备了足够的社会功能，可以有不错的生存能力和生活保障，但是内心可能始终有一块是空着的。这种空，有时就像一个黑洞，不管拥有多少外在安慰都无法填满它。我们父母那一代人，往上是历史的创伤，往下是育儿知识的匮乏，即便竭尽全力，在育儿上仍有很多局限，比如情感养育不足。科胡特曾经说，共情性的环境像空气，你只有在缺失时才会意识到它多重要。

来访者（patient）一词源自拉丁语，原本的含义为 the people who suffers（经历痛苦的人），你我皆是。从这个层面讲，谁都可以为了活得更好而进行心理咨询。它是在专业、安全的环境中，去探究自我、关系、成长等议题的旅程。来访者与咨询师的关系，可能是除了父母、伴侣、朋友外，最亲密、最特殊、受其影响最深的一段关系。

作为心理咨询师，最怕参加的大概是一屋子陌生人的派对或酒会，因为从介绍完自己职业开始，便会不断听到：

"我有个心理疑问"

"我最近有些失眠"

"我邻居家二大爷家的小侄子最近不想上学"

"我想找你给我同事开导开导"

"我有个朋友……"（大部分情况下这个"朋友"就是他本人）

心理咨询并不适合所有人，它不能改变过去，无法保证效果。首先，我国的精神卫生法规定，心理咨询不能进行精神障碍的诊断或开具药物处方。其次，心理咨询并不会帮你忘掉创伤（声称逆转记忆或根除过去的都是不负责的宣传），它甚至需要你在安全环境中去重新体验创伤来释放创伤里压抑的情绪，所以，来访者并非每次咨询后都是开开心心的。我常跟来访者讲一个比喻，小时候你跑跑跳跳摔伤了，膝盖破了个大口子，由于当时没有条件很好地处理这个创口，它带血带泥地愈合了，表面上看不出来，但你每次走路、跑步，都会隐隐感到不舒服。心理咨询对于创伤，就像是重新处理这个创口，可能会很疼，有时候特别难，但是咨询师一定会慢慢地、一点点地给伤口消炎、镇痛、包扎，在专业卫生的条件下，让这个创口彻底愈合，使你可以更好地向前奔跑。

心理咨询并不能保证你在咨询多少次后就能"好"。每个人都是不一样的，咨询师需要根据来访者的情况制定符合来访者的疗愈方式。尊重个体多样性，是每个心理咨询师的必修课。心理咨询有时还挺"挑"来访者的，既要有不错的社会功能（稳定的收入和足够的动力保证出席每周至少一次的咨询），又要积极主动地探索自我、勇敢面对内心，还不能处于危机或自伤的风险中。我有个朋友看了这些描述后，开玩笑说"这标准都够找对象的了"。

很多人走完一生都不曾真的认识自己。单凭这一点，走入咨询室的每个人都是生活的勇士。有很多心灵共振瞬间，发生在咨询室里，特别是当来访者意识到，坐在自己对面的并不是什么权威、理想照料者或魔法师，只是一个同样内心有挣扎的、会犯错的普通人。这个普通人愿意用多年的专业训练、持续的学习积累，日复一日、年复一年的陪伴、抱持、理解、倾听、共情自己，愿意真诚、勇敢、稳定地待在自己最黑暗的角落。这种用生命关照的力量，本身就有疗愈作用。

我一直觉得，心理咨询的过程就像一汪水遇到另一汪水。咨询师对来访者有影响，来访者也对咨询师有影响，每一个 50 分钟，都流淌在两个人的生命中。来访者从咨询室走出去的那一天，人格中会带着咨询师这部分好客体的影响，坚定地去迎接各种人生际遇。

支持性人际团体

柏拉图有个洞穴理论：山洞里有一团火，每个人都背对火坐着，他们只能看到火光投在岩壁上的影子，认为那就是世界的模样。有一天，其中的一个人发现了真相，他告诉洞穴里的其他人，世界不是只有洞穴这般模样。有些人听了他的话，跟随他走出了洞穴；有些人则觉得他疯了，继续留在洞穴中。

我们所认知的世界，可能只是个影子，每个人内心的影子都不一样。如果没有交流，我们可能就像留在洞穴中的人，永远认为自己看到的影子就是世界原本的样子。围火而坐，是祖先自发进行的活动，刻入人类基因。团体，就是这么一个精神上围火夜话的过程。可以是专业心理团体，也可以是支持性团体，只要是在尊重、平等、安全的氛围中，就能够提供人际间的互助作用。

众生皆苦，如果知道你并不是孤独的，痛苦会更可能被承受。通过团体，不仅可以传递信息、互通有无，还可以提供支持性的人际环境，帮助一个人建立矫正性的情感体验、发展社交技巧等。从茶话会到沙龙，再到社群组织，女性自发结成的团体为其成长提供了更多可能。

2020 年年初，我发起了一个公益项目，旨在为中国知识女性群体提供一个开放、多元、安全的讨论空间。在这个空间中，没有权威、没有老师，大家围"火"而坐，自由平等。我们每个月都会就某个议题进行讨论。参与者们会从身份认同、思想认知、文化心理等方面对自身所处的社会环境进行思考、质疑、探索和重建。在这个空间里，我见证了许多成员的变化与成长。更让我惊喜的是，很多男性成员也非常关注女性议题，从最初的观点刻板变得越来越包容、理解、更有共情力。

记得有一次讨论会上有一名男成员参加，视频会议显示他的昵称是 Red Bull（红牛），我们几个组织者有点儿担心，害怕这是位"大男人"风格的参与者，担心他会和女性成员发生言论冲突。结果两个小时的讨论下来，每个人都见证了这位"红牛"先生从最初那种紧绷的、阳刚的、双手抱肩的状态，变得松弛、友善、幽默、和蔼。最后他发言：谢谢你们今天的发言，我第一次看到女性原来有如此多面，颠覆了我过去对女性的很多认知。我想到了我的母亲、妻子、生活里遇到的女性，我的确不够了解她们。我有一个 8 岁的女儿，我希望她能健康成长，成为一个真实的、有力量的人！

后　记

几年前，我做过一个梦：一群来自不同地区、拥有不同肤色、穿得五彩缤纷的女性，乘坐大巴车旅行。车子转了个弯，我们看到了月亮，非常近、非常大。我们用各种语言议论：原来月亮上没有嫦娥，阴影也不是一棵桂花树。我还拿出相机，想要记录下来。一个导游模样的男子拦住我，劝告我们听从他的讲解。几乎同时，女性们纷纷起身，绕开导游，迈开步子，朝着月亮坚定地走去。

这是一场带着惶恐的写作。起先，我引用了大量数据和别人的观点，仿佛我自己的想法没有价值；我担心这样表达会不被接受、那样呈现会不被喜欢；即便在写作女性的内在声音时，我依然隐藏了自己的声音。这，可能就是作为女性每一天的体验。因此，当我推翻那些安全的、讨巧的内容，忘掉被规训的、灌输的技巧，心怀恐惧但依然坚定地写下自己的想法时，我意识到，这才是我想说的。这本书里的每一个字，都在我心头徘徊了多年。

感谢我的策划编辑黄文娇，她在我犹豫时告诉我，我的文字有力量。感谢我的父母，在我不经事的年纪，就足够相信我。感谢我的伴侣，互为主体的关系，接纳了我的脆弱。感谢我的来访者，你们的讲述持续影响着我。感谢出现在我生命中的每一位女性，谨以这本书献给你们。

参考文献

[1] 尼可拉斯·D. 克里斯多夫，雪莉·邓恩. 天空的另一半 [M]. 吴茵茵，译. 杭州：浙江人民出版社，2014.

[2] 卡罗尔·吉利根. 不同的声音 [M]. 肖巍，译. 北京：中央编译出版社，1999

[3] Piaget J. The Child's Conception of the World [M]. Lanham：Rowman & Littlefield，2007.

[4] 让·皮亚杰. 儿童的道德判断 [M]. 傅统先，陆有铨，译. 济南：山东教育出版社，1984.

[5] Brene Brown. The Gifts of Imperfection [M]. Center City：Hazelden Publishing，2010.

[6] 巴塞尔·范德考克. 身体从未忘记 [M]. 李智，译. 北京：机械工业出版社，2016.

[7] 艾瑞克·弗洛姆. 逃避自由 [M]. 刘林海，译. 上海：

　　　上海译文出版社，2015.

[8] 艾瑞克·弗洛姆. 健全的社会 [M]. 孙恺祥，译. 上海：
　　　上海译文出版社，2011.

[9] 费孝通. 乡土中国 [M]. 北京：北京大学出版社，2012.

[10] 海因茨·科胡特. 自体的重建 [M]. 许豪冲，译. 北京：
　　　世界图书出版公司，2013.

[11] 唐纳德·温尼科特. 婴儿与母亲 [M]. 卢林，张宜宏，
　　　译. 北京：北京大学医学出版社，2016.

[12] 唐纳德·温尼科特. 成熟过程与促进性环境 [M]. 唐婷
　　　婷，译. 上海：华东师范大学出版社，2017.

[13] 唐纳德·温尼科特. 游戏与现实 [M]. 卢林，汤海鹏，
　　　译. 北京：北京大学医学出版社，2016.

[14] 塔拉·韦斯特弗. 你当像鸟飞往你的山 [M]. 任爱红，
　　　译. 海口：南海出版公司，2019.

[15] 柏拉图. 理想国 [M]. 郭斌和，张竹明，译. 北京：商
　　　务印书馆，1986.

[16] 柏拉图. 会饮篇 [M]. 王太庆，译. 北京：商务印书馆，
　　　2013.

[17] Freud S. The standard edition of the complete psychological
　　　works of Sigmund Freud，Volume XVIII（1920-1922）：
　　　Beyond the pleasure principle，group psychology and other
　　　works. 1955：1-64.

[18] 特德·姜. 你一生的故事 [M]. 李克勤，王荣生，Bruceyew，译. 南京：译林出版社，2015.

[19] 凯瑟琳·奥兰丝汀. 百变小红帽：一则童话中的性、道德及演变 [M]. 杨淑智，译. 北京：生活·读书·新知三联书店，2006.

[20] 布鲁诺·贝特尔海姆. 童话的魅力：童话的心理意义与价值 [M]. 舒伟，丁素萍，樊高月，译. 北京：社会科学文献出版社，2015.

[21] 唐纳德·W. 温尼科特. 妈妈的心灵课：孩子、家庭与外面的世界 [M]. 赵悦，译. 海口：南方出版社，2011.

[22] 克里斯托弗·博拉斯. 精神分析与中国人的心理世界 [M]. 李明，译. 北京：中国轻工业出版社，2015.

[23] 穆杨. 祛魅：五个经典童话的后现代女性主义改写 [M]. 北京：知识产权出版社，2018.

[24] Sapolsky R. M. Behave：The Biology of Humans at Our Best and Worst [M]. New York：Penguin Books，2017.

[25] 莫斯奇里. 绘画心理治疗：对困难来访者的艺术治疗 [M]. 陈侃，译. 北京：中国轻工业出版社，2012.

[26] 西格尔. 正念之道：每天解脱一点点 [M]. 李迎潮，李孟潮，译. 北京：中国轻工业出版社，2011.

[27] 乔恩·卡巴金. 此刻是一枝花 [M]. 润秋，译. 上海：

文汇出版社，2008.

[28] 高天. 创伤和资源取向的音乐治疗 [M]. 北京：中国轻工业出版社，2021.

[29] 马科斯·扎菲罗普洛斯. 女人与母亲：从弗洛伊德至拉康的女性难题 [M]. 李锋，译. 福州：福建教育出版社，2015.

[30] 卡伦·霍妮. 女性心理学：爱和性的研究 [M]. 许科，王怀勇，译. 上海：上海锦绣文章出版社，2008.

[31] 徐艳蕊. 媒介与性别：女性魅力，男子气概及媒介性别表达 [M]. 杭州：浙江大学出版社，2014.

[32] 李银河. 女性主义 [M]. 济南：山东人民出版社，2005.

[33] 廖文豪. 汉字树 [M]. 北京：北京联合出版公司，2013.

[34] 皮埃尔·布尔迪厄. 男性统治 [M]. 刘晖，译. 北京：中国人民大学出版社，2011.

[35] 西蒙娜·波伏娃. 第二性 [M]. 舒小菲，译. 北京：西苑出版社，2009.

[36] 王宁. 汉字学概要 [M]. 北京：北京师范大学出版社，2001.

[37] 王宁. 汉字构形学讲座 [M]. 上海：上海教育出版社，2002.

[38] 王凤阳. 汉字学 [M]. 长春：吉林文史出版社，1989.

[39] Brody S，Arnold F. Psychoanalytic Perspectives on

Women and Their Experience of Desire, Ambition and Leadership [M]. New York: Routledge, 2019.

[40] Gilligan C. Breaking the silence, or who says shut up[J]. Contemporary Psychoanalysis, 2018, 54（4）: 735-746.

[41] Gilligan C, Kreider H, O'Neill1 K. Transforming psychological inquiry: clarifying and strengthening connections[J]. Psychoanalytic Review, 1995, 82（6）: 801-826.

[42] Cheek J, Kealy D, Hewitt P L, et al. Addressing the complexity of perfectionism in clinical practice[J]. Psychodynamic Psychiatry, 2018, 46（4）: 457-489.

[43] Desmet M, Coemans L, Vanheule S, et al. Anaclitic and introjective psychopathology and the interpersonal function of perfectionism/self-criticism[J]. Journal of the American Psychoanalytic Association, 2008, 56（4）: 1337-1342.

[44] Grynick K L. Enduring perfectionism: seeing through eating disorder recovery and america's cultural complex[J]. Journal of Infant, Child, and Adolescent Psychotherapy, 2016, 15（4）: 369-380.

[45] Branfman T, Bergler E. Psychology of "perfectionism" [J].

American Imago, 1955, 12（1）: 9-15.

[46] Loewald H W. On the therapeutic action of psycho-analysis[J]. The International Journal of Psycho-analysis, 1960, 41: 16-33.

[47] Wurmser L. Primary shame, mortal wound and tragic circularity: some new reflections on shame and shame conflicts[J]. The International Journal of Psychoanalysis, 2015, 96（6）: 1615-1634.

[48] Shengold L. Trauma, soul murder, and change[J]. The Psychoanalytic Quarterly, 2011, 80（1）: 121-138.

[49] Levine A R. The social face of shame and humiliation[J]. Journal of the American Psychoanalytic Association, 2005, 53（2）: 525-534.

[50] 马拉拉·优素福·扎伊, 克里斯蒂娜·拉姆. 我是马拉拉 [M]. 翁雅如, 朱浩一, 译. 成都: 四川人民出版社, 2014.